国之重器出版工程

网络强国建设

5G 丛书

U0320186

5G 网络能力开放
关键技术与应用

Key Technologies and Application of
5G Network Capability Exposure

王光全　朱　斌　李红五　林　琳　编　著

胡　悦　马瑞涛　高杰复

人民邮电出版社

北　京

图书在版编目（ＣＩＰ）数据

5G网络能力开放关键技术与应用 / 王光全等编著
. -- 北京：人民邮电出版社，2021.11（2024.7重印）
（国之重器出版工程·5G丛书）
ISBN 978-7-115-57634-7

Ⅰ．①5… Ⅱ．①王… Ⅲ．①第五代移动通信系统—
研究 Ⅳ．①TN929.538

中国版本图书馆CIP数据核字(2021)第205596号

内 容 提 要

本书基于 5G 网络能力开发技术的最新研究进展，对 5G 网络能力开放的关键技术和应用方案进行了全面而系统的介绍，内容包括回顾网络能力开放技术的历史演进、5G 网络能力开放架构及关键技术、网络能力开放技术的未来演进以及对其走向的预判。其中，重点针对 5G 核心网能力、5G 语音能力、5G 消息能力、5G 边缘计算能力、5G 切片能力等方面进行了详细而系统的介绍。

本书适合网络能力开放领域的研究人员、开发设计人员、工程技术人员阅读参考，也可作为高等院校相关专业师生的参考图书。

◆ 编 著 王光全 朱 斌 李红五 林 琳 胡 悦
马瑞涛 高杰复
责任编辑 李 静
责任印制 焦志炜

◆ 人民邮电出版社出版发行 北京市丰台区成寿寺路 11 号
邮编 100164 电子邮件 315@ptpress.com.cn
网址 https://www.ptpress.com.cn
固安县铭成印刷有限公司印刷

◆ 开本：720×1000 1/16
印张：12 2021 年 11 月第 1 版
字数：236 千字 2024 年 7 月河北第 2 次印刷

定价：89.80 元

读者服务热线：(010)53913866 印装质量热线：(010)81055316
反盗版热线：(010)81055315

专家委员会委员（按姓氏笔画排列）：

于　全　中国工程院院士

王　越　中国科学院院士、中国工程院院士

王小谟　中国工程院院士

王少萍　"长江学者奖励计划"特聘教授

王建民　清华大学软件学院院长

王哲荣　中国工程院院士

尤肖虎　"长江学者奖励计划"特聘教授

邓玉林　国际宇航科学院院士

邓宗全　中国工程院院士

甘晓华　中国工程院院士

叶培建　人民科学家、中国科学院院士

朱英富　中国工程院院士

朵英贤　中国工程院院士

邬贺铨　中国工程院院士

刘大响　中国工程院院士

刘辛军　"长江学者奖励计划"特聘教授

刘怡昕　中国工程院院士

刘韵洁　中国工程院院士

孙逢春　中国工程院院士

苏东林　中国工程院院士

苏彦庆　"长江学者奖励计划"特聘教授

苏哲子　中国工程院院士

李寿平　国际宇航科学院院士

李伯虎	中国工程院院士
李应红	中国科学院院士
李春明	中国兵器工业集团首席专家
李莹辉	国际宇航科学院院士
李得天	国际宇航科学院院士
李新亚	国家制造强国建设战略咨询委员会委员、中国机械工业联合会副会长
杨绍卿	中国工程院院士
杨德森	中国工程院院士
吴伟仁	中国工程院院士
宋爱国	国家杰出青年科学基金获得者
张　彦	电气电子工程师学会会士、英国工程技术学会会士
张宏科	北京交通大学下一代互联网互联设备国家工程实验室主任
陆　军	中国工程院院士
陆建勋	中国工程院院士
陆燕荪	国家制造强国建设战略咨询委员会委员、原机械工业部副部长
陈　谋	国家杰出青年科学基金获得者
陈一坚	中国工程院院士
陈懋章	中国工程院院士
金东寒	中国工程院院士
周立伟	中国工程院院士

郑纬民	中国工程院院士
郑建华	中国科学院院士
屈贤明	国家制造强国建设战略咨询委员会委员、工业和信息化部智能制造专家咨询委员会副主任
项昌乐	中国工程院院士
赵沁平	中国工程院院士
郝　跃	中国科学院院士
柳百成	中国工程院院士
段海滨	"长江学者奖励计划"特聘教授
侯增广	国家杰出青年科学基金获得者
闻雪友	中国工程院院士
姜会林	中国工程院院士
徐德民	中国工程院院士
唐长红	中国工程院院士
黄　维	中国科学院院士
黄卫东	"长江学者奖励计划"特聘教授
黄先祥	中国工程院院士
康　锐	"长江学者奖励计划"特聘教授
董景辰	工业和信息化部智能制造专家咨询委员会委员
焦宗夏	"长江学者奖励计划"特聘教授
谭春林	航天系统开发总师

前　言

第五代移动通信（5th Generation Mobile Communication，5G）技术一方面大幅提升了个人用户高带宽移动互联网的业务体验，创造出了新的生活、娱乐场景应用；另一方面提供了大带宽、大连接、低时延等 5G 网络能力。5G 网络能力与人工智能、物联网、云计算、大数据和边缘计算等其他基础通用能力共同构成了新一代信息基础设施，成为推动传统行业数字化转型升级与数字经济社会发展的重要基石。在相关政策引导和产业协同等多重因素驱动下，5G 应用蓬勃发展，并将在更多领域发挥重要作用。

5G 是信息社会开放创新的大舞台，是技术改变社会的新动能，也是电信网络全面数字化转型的历史性机会。近年来，运营商的互联网化转型、数字化转型始终是业界关注的重要课题。封闭式电信网络已无法满足 5G 千行百业旺盛的业务需求，开放与共赢成为业界公认的电信业务发展趋势。能力开放是电信网络数字化转型的重要途径，可助力运营商发展新的商业模式，使运营商从传统的公众业务市场走向垂直行业市场，从传统的商对客（Business-to-Consumer，B2C）业务模式转向商对商（Business-to-Business，B2B）业务模式。运营商通过网络能力开放实现电信网络能力共享、电信网络价值赋能、向第三方应用服务提供按需开放的网络能力，这是电信网络技术（Communication Technology，CT）及信息技术（Information Technology，IT）能力融合的必经之路。

如何集合社会创新力量共同推动 5G 网络及业务的快速、高效发展，如何通过开放生态激活电信行业自身的改革动力和创新活力、5G 时代电信网络可提供哪些能力、有哪些应用场景、能力开放如何应用发展等，成为当前业界亟须探讨和解决的热点。

从复杂的电信网络角度来看，电信网络能力涉及众多专业，包括基础通信能力、专线（云网）调度、物联网及专网、数据运维、人工智能、安全防护等方方面面。本书将重点围绕 5G 电信网络能力开放展开，聚焦 5G 核心网的网络能力、基础业务能力（即语音、消息类电信基础能力）、5G 边缘技术、网络切片等能力开放领域。其他相关专业领域略有涉及，但不作为本书的研究重点。

本书共分 5 章，第 1 章介绍了网络能力开放涉及的基本概念、发展背景及需求演进；第 2 章梳理了网络能力开放从 3G 时代到 5G 时代的国际标准演进情况；第 3 章基于 5G 网络能力开放整体架构，从 5G 网络能力开放、5G 语音能力开放、5G 消息能力开放、5G 边缘计算能力开放等方面详述了 5G 网络能力开放的需求场景、关键技术及业务流程，并介绍了 5G 网络能力开放的应用方案；第 4 章和第 5 章基于电信网络演进及能力业务需求，论述了网络能力开放的未来应用探索及网络能力演进趋势。

本书的作者均来自中国联通研究院，除署名作者，刘善彬、任驰参与了专网能力、5G 切片能力开放等章节的撰写并提供了诸多宝贵的技术观点，张贺、满祥坤、吴琼等参与了本书的审核及修订工作，在此一并表示衷心的感谢！

通信能力开放技术的发展日新月异，由于作者水平有限，书中难免存在不足之处，恳请广大读者和专家批评指正。

作者

2021 年 8 月

目　录

3.3.5 5GC 能力开放涉及的网元及功能 ……………………………………… 036
3.3.6 5GC 能力开放的主要接口 ……………………………………………… 039
3.3.7 5GC 能力开放的关键技术及业务流程 ………………………………… 044
3.3.8 5GC 能力开放的典型应用方案 ………………………………………… 061
3.4 5G 语音能力开放 …………………………………………………………… 064
3.4.1 概述 ………………………………………………………………………… 064
3.4.2 5G 语音能力开放的需求场景 …………………………………………… 065
3.4.3 5G 语音能力介绍 ………………………………………………………… 067
3.4.4 5G 语音能力开放架构 …………………………………………………… 068
3.4.5 5G 语音能力开放涉及的网元及功能 …………………………………… 070
3.4.6 5G 语音能力开放的主要接口 …………………………………………… 073
3.4.7 5G 语音能力开放的关键技术及业务流程 ……………………………… 075
3.4.8 5G 语音能力开放的典型应用场景 ……………………………………… 082
3.5 5G 消息能力开放 …………………………………………………………… 083
3.5.1 概述 ………………………………………………………………………… 083
3.5.2 5G 消息能力开放的需求场景 …………………………………………… 087
3.5.3 5G 消息能力介绍 ………………………………………………………… 088
3.5.4 5G 消息能力开放的架构及主要网元 …………………………………… 091
3.5.5 5G 消息能力开放的主要接口 …………………………………………… 093
3.5.6 5G 消息能力开放的关键技术及业务流程 ……………………………… 098
3.5.7 5G 消息能力开放的典型应用案例 ……………………………………… 115
3.6 5G 边缘计算能力开放 ……………………………………………………… 116
3.6.1 概述 ………………………………………………………………………… 116
3.6.2 5G 边缘计算能力开放的需求场景 ……………………………………… 118
3.6.3 5G 边缘计算能力介绍 …………………………………………………… 122
3.6.4 5G 边缘计算能力开放的架构及主要网元 ……………………………… 124
3.6.5 5G 边缘计算能力开放的主要接口 ……………………………………… 125
3.6.6 5G 边缘计算能力开放的关键技术及业务流程 ………………………… 126
3.6.7 5G 边缘计算能力开放的典型应用方案 ………………………………… 133
3.7 5G 切片能力开放 …………………………………………………………… 134
3.7.1 概述 ………………………………………………………………………… 134
3.7.2 5G 切片能力开放的需求场景 …………………………………………… 135
3.7.3 5G 切片能力介绍 ………………………………………………………… 136
3.7.4 5G 切片能力开放架构 …………………………………………………… 138

第 1 章

网络能力开放基本概念

网络能力开放是实现电信网络数字化转型、赋能千行百业的必经之路。它在电信产业链中起着打通产业链上下游、盘活硬资产与软实力、赋能电信网络价值的作用。本章将重点介绍网络能力开放的相关技术背景，包括网络能力开放的基本概念、网络能力的主要开放模式、网络能力的需求演进及网络能力开放在电信产业中的商业模式。

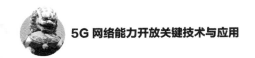

|1.1 网络能力开放的概念|

从广义上说，能力开放是对底层复杂的实现逻辑或信息资源进行抽象，对外提供一个开发和执行环境，使得第三方通过调用、简单开发、组装来产生新的、所需要的服务能力。能力开放是一种新的商业模式和服务方式，区别于向最终用户提供产品的传统模式。从技术角度，能力开放通过服务化的架构，运用软件开发工具包（Software Development Kit，SDK）或者应用程序接口（Application Programming Interface，API）等手段，以编排和赋能的方式将服务提供给外部。

网络能力开放实际上是适应国家对于"平台经济""互联网化运营转型""数字化转型"的要求，以及满足个人用户或者行业客户差异化需求而产生的，运营商能够通过能力输出的方式，与产业链各方通力合作，从而衍生出差异化、多样化及精细化的产品形态，最终满足客户的差异化需求。

如果将电信产业链比作一棵上连客户市场数字化应用、下触电信基础网络的大树，如图 1-1 所示，那么这棵大树的根、茎、叶、花、果分别如下。

根：网络基础是根，做深广连接、广覆盖、高可靠的电信基础网络，深扎网络土壤，为上层应用持续赋能。

茎：网络能力是茎，网络能力是电信网络的核心竞争力，是满足千行百业多样化需求的核心要素。

叶：能力开放是叶，能力开放是实现网络能力价值转化的必然途径，是 CT 网络向 IT 应用转化的关键。

花：创新业务与应用是花，探索多元应用场景与商业模式，打通前端市场需求，形成多样化创新应用。

果：高价值产业回报、高收益互联网化应用、高口碑公众业务是果。

由此可见，网络能力开放是实现电信网络数字化转型、赋能千行百业的必经之路，在电信产业链中起着打通产业链上下游、盘活硬资产与软实力、赋能电信网络的重要作用。

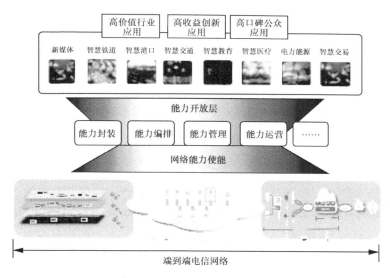

图 1-1　网络能力开放产业链示意

1.2　网络能力开放的基本模式

针对电信网络各类业务系统的特点，能力开放的开放模式、能够开放的内容和范围都有所不同。

一方面，根据运营商网络侧网络相关性，能力开放平台可以分为强相关能力开放平台和弱相关能力开放平台。强相关能力开放平台需要与网元进行流程信令上的交互，如号码变换、流量加速等；而弱相关能力开放平台多数采用单向采集、分析和处理网元上的相关流量业务数据的方式，不与网元产生过多信令上的双向交互，如视频媒体渲染、语音质检等。

另一方面，站在互联网的角度，根据能力开放面向对象的不同及相应系统的种类，能力开放平台可分为应用型开放和服务型开放两类平台。

① 应用型开放平台普遍基于基础的应用模式，通过开放平台提供接口供第三方调用、扩展。例如谷歌的 Google Apps 和苹果的 App Store（Application Store，苹果应用商店），其中 App Store 通过开放的 iPhone SDK 为开发者提供开发支持，App 开发者需要基于该 SDK 开发符合 App Store 上线标准的应用，并由 App Store 统一进行营销，所获收益由 App Store 和开发者分成。

② 服务型开放平台没有基础应用模式，通常通过提供稳定的计算、存储资源向第三方提供服务，也就是我们通常所说的"云计算资源"或"算力资源"。

随着通信网和互联网边界的逐步模糊，针对移动互联网领域的激烈竞争，电信运营商开始构建自己的能力开放平台。特别是，根据移动通信网络的特点，能力开放平台从输入到输出都和移动互联网的能力开放平台有明显区别。

通信网络的能力通常主要包括基础通信能力，认证、鉴权和控制能力，用户数据及通信过程中产生的信息资源，和具备特定业务的优化能力。其中，基础通信能力主要指语音、视频通话、数据、短信等能力；认证、鉴权和控制能力主要指安全性认证及服务质量（Quality of Service，QoS）策略的控制能力；用户数据及通信过程中产生的信息资源指用户的固有信息及上下文信息，如地理位置、连接状态、终端能力等信息；特定业务的优化能力指在移动通信网络内提供对移动互联网业务的优化以提高业务体验的能力。以上能力全部包含在移动通信网络系统中，这些网络系统呈现的能力和信息相对封闭，通过统一的网关设备与移动互联网隔离并连接，在能力封装、安全可靠及实时性方面都具备相应的优势。

总体来说，网络能力开放通过服务化的架构，直接或者间接地通过能力开放平台向外部应用提供网络资源服务，从而更加精细化和智能化地满足外部对网络服务的要求。

1.3　网络能力开放的前世今生

最早的电信网络能力开放技术要追溯到传统的智能网和基于用户交换机的计算机电话集成（Computer Telephony Integration，CTI）技术，其为第三方监控和控制电话呼叫提供了技术支持。智能网技术实现了业务处理和呼叫控制的分离，业务控制和处理逻辑从交换机中分离出来，同时提供了一种高效的、图形化的业务生成环境。随着业务能力开放的需求日益增长和 Java 技术的发展，业务能力开放技术规范也逐步发展和完善。

（1）基于 CTI 技术的电信能力开放

最早的 CTI 技术有两大技术规范：一是电话应用程序接口（Telephone Application Programming Interface，TAPI），它是微软和英特尔推出的产品，提供一组用于编程的 API 函数，能在基于 Windows 的应用系统和电话系统之间建立连接；二是电话服务应用程序接口（Telephone Service Application Programming Interface，TSAPI），它是由 Novel 和 AT&T 共同创造的，可以与现有的电话交换机很好地兼容。CT 技术充分利用计算机 IT 处理能力灵活的优势和电话话务系统逻辑处理强的优势，主要对语音、传真等基础通信提供仅限于语音等基础功能的逻辑控制能力。基于 CTI 的呼叫中心业务得到了广泛的发展和应用，但开放性也仅限于语音等基本功能。

（2）基于智能网技术的电信能力开放

智能网在通信网络之上定义了一个完整的业务网络体系，这个业务网络体系包括业务交换点（Service Switching Point，SSP）、业务控制点（Service Control Point，SCP）、业务管理点（Service Management Point，SMP）、业务数据点（Service Data Point，SDP）和业务生成环境（Service Creation Environment，SCE）等，它是一个在原有通信网络的基础上为用户提供新业务而设置的网络体系，能够为所有的网络服务，如公用电话交换网（Public Switched Telephone Network，PSTN）、分组交换公用数据网（Packet Switched Public Data Network，PSPDN）、窄带综合业务数字网（Narrowband Integrated Service Digital Network，N-ISDN）、以及宽带综合业务数字网（Broadband Integrated Service Digital Network，B-ISDN）、公共陆地移动电话网（Public Land Mobile Network，PLMN）和 Internet。

智能网使得控制功能与交换功能相分离，可向用户提供灵活多变的电话新业务。然而，在传统的智能网体系中，SCE 是与 SCP 紧密捆绑在一起的，没有形成统一的标准，也不具备开放性。通常情况下，电信设备商里只有自己的开发人员利用自己的 SCE 来开发智能业务，因而开放性不足。

（3）Parlay/OSA

Parlay/OSA 组织成立于 1999 年，由 65 家通信和 IT 领域的公司共同创建，致力于定义一个让 IT 开发人员快速创建电信业务的 API。这些接口包括各种电信网的功能，如呼叫控制、短消息业务（Short Message Service，SMS）/多媒体短消息业务（Multimedia Messaging Service，MMS）、定位、计费、在席和可用性管理及策略管理等。Parlay/OSA 被第三代合作伙伴计划（3rd Generation Partnership Project，3GPP）和第三代合作伙伴计划 2（3rd Generation Partnership Project 2，3GPP2）的移动业务体系所引用，而 Parlay 就是 OSA 中的 API 部分。

Parlay API 的定义采用接口描述语言（Interface Description Language，IDL）来描述，API 实现采用分布式的公共对象请求代理体系结构（Common Object Request Broker Architecture，CORBA）中间件技术，实现应用服务对 Parlay 接口的远程调用。Parlay 组织致力于研究介于业务和核心网之间的开放接口，对基础电信网络结构和技术并未参与。当 3GPP 和欧洲电信标准组织（European Telecommunications Standards Institute，ETSI）开始研究基于 3G 网络的应用服务开发 API 时，发现研究领域和 Parlay 有很大的重叠性，因而 Parlay 被引入 3GPP/ETSI 标准框架并被命名为 OSA，3GPP/ETSI 对 Parlay 标准进行了补充。

尽管如此，Parlay 规范在 IT 研发人员看来仍然过于复杂，采用 Parlay 协议规范研发基于电信网络的应用服务具有相当大的难度。基于此，3GPP 于 2003 年提出了 Parlay X 规范。Parlay X 协议在原有 Parlay API 协议的基础上对接口进行了进一步抽象，并使用基于 Web 业务的 Web 服务描述语言（Web Service Description Language，WSDL）描述 API，为 IT 开发人员提供简洁的电信业务开放接口，这些接口包括第三方呼叫控制、定位及简单的支付功能接口。IT 开发人员无须掌控电信网专业知识，就能够根据 Parlay X 协议接口研发新业务。

Parlay/OSA 架构示意如图 1-2 所示，Parlay/OSA 架构主要包括 Parlay 应用、Parlay/OSA 框架、业务能力特征服务器（Service Capability Server，SCS）和核心网，其中框架和业务能力特征服务器被合称为 Parlay 网关。Parlay 应用和 Parlay 网关由 Parlay/OSA API 连接，Parlay 网关和核心网也需要通过一组接口连接。SCS 规范定义了多组业务能力特征（Service Capability Feature，SCF），每组 SCF 对应一组业务能力开放的 API。

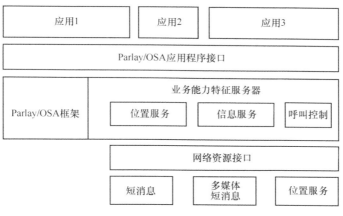

图 1-2　Parlay/OSA 架构示意

Parlay/OSA 架构各部分的功能如下。

① 框架：负责业务能力的注册、应用的鉴权接入及完整性管理等。

② SCS：负责业务能力开放接口 API 的实现。

③ Parlay 应用：是基于 Parlay 网关开发的电信应用。

以 Parlay 4.0 规范为例，其共定义了 11 个 SCF：呼叫控制、用户交互、移动性管理、终端能力、数据会话控制、普通消息、连通性管理、账户管理、计费、策略管理及呈现和可用性管理。

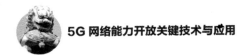

Parlay/OSA 的架构体系在 3G IP 多媒体子系统（IP Multimedia Subsystem, IMS）网络中得到了很好的应用。IMS 网络中的呼叫会话控制功能（Call Session Control Function，CSCF）是 IMS 网络的中心，它独立于底层承载协议，完成呼叫控制、媒体网关接入控制、资源分配、协议处理、路由等功能。IMS 支持 Parlay/OSA 标准业务接口，不仅可以完美地实现传统的基础业务，还能够基于 Parlay 网关开发为第三方提供标准接口。这种架构将业务与呼叫控制分离、呼叫控制与承载分离来实现相对独立的业务功能，使得上层业务与底层网络独立，从而可以灵活、有效地实现业务能力。

（4）Parlay X

Parlay X 规范是在 Parlay 规范基础之上发展起来的，以 Parlay X2.0 规范为例，其定义了多组 SCF，包括第三方呼叫、呼叫通知、短消息、多媒体短消息、语音呼叫、终端状态、终端位置、账户管理、呼叫处理、支付、多媒体会议、地址列表管理和呈现。Parlay X 对 Parlay API 经过高度的抽象和封装，定义了一组功能强大，但又简单、抽象和极富想象力的电信能力 API，以使通信开发人员和 IT 开发人员都能快速地理解和掌握，并在此基础上开发出具有创新意义的电信应用服务。

Parlay X 采用 Web 业务的方式，其开放性得到了 IT 开发人员的接受和认可。Parlay X Web 业务的服务器的交互方式采用基于可扩展标记语言（eXtensible Markup Language，XML）的信息交换来实现；消息交换由应用发起，并且遵循同步的"请求—响应"模型。Parlay X API 的封装程度远远高于 Parlay API，高封装程度简化了开发人员的开发难度，但业务开发的灵活性受到了一定限制。

（5）OMA 开放服务体系

开放移动联盟（Open Mobile Alliance，OMA）定义了开放服务的框架，并将 Palary/OSA 规范、Palary X 规范的部分内容及基于这两个规范体系制定的 One API 规范及下一代网络服务接口（Next Generation System Interface，NGSI）引入 OMA 开放服务体系中。One API 规范则来自于全球移动通信系统协会（Global System for Mobile Communications Association，GSMA）的 One API 工程，目前已在部分欧洲运营商网络中应用。

|1.4　网络能力开放的需求演进 |

随着移动通信业务类型不断丰富，电信产业链开始由原来的基础网络运营向提供个性化服务等方向延展。业务需求演进示意如图 1-3 所示，传统的基于语音、消息的"烟囱式"服务，已无法充分满足不断兴起的新业务、新行业的需求。以往的"封闭式"网络，已无法完全承载灵活多变的新需求，电信市场的分工越来越精细化，产业链、价值链不断延长，如今 5G 时代的业务需求正朝着个性化、差异化、开放化的方向大步迈进。

随着虚拟运营商、内容提供商等多个环节的加入，整个电信产业形成了新的价值体系。随着市场的逐步开放，全新的价值体系在更多方向上对专业性的需求变强。一方面，运营商跨越整个价值体系，包揽所有环节难以实现；另一方面，运营商作为产业价值链中最重要的一环，对设备制造商、内容提供商、用户起到领头作用，因此电信产业的能力开放以及变革能够促进整个行业的发展和进步，同时满足用户多样化的使用需求。在通信网络结构更加扁平化、控制面和用户面进一步分离的前提下，电信能力开放的演进主要基于以下 3 个方面考虑。

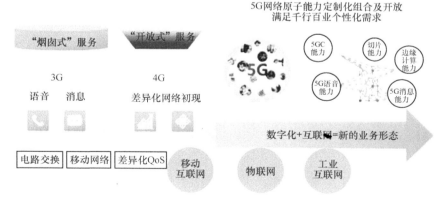

图 1-3　业务需求演进示意

（1）业务需求

从业务需求来看，主要是业务对网络资源存在定制化需求，包括高速率视频业务、实时远程控制、低速率物联网（Machine-to-Machine，M2M）业务等。基于软件定义网络（Software Defined Network，SDN）架构的能力开放能够根据业务特性和需求，在带宽、时延、可靠性、接入成本和能耗等方面满足各种业务的定制需求，实现良好体验。面向商业、公共安全等领域的业务需要网络提供数据信息（如用户行为），及时获取社会动态信息。

（2）网络需求

从网络需求来看，移动通信网络从电信化的硬件设备、运营方式、服务提供方式逐步演变成 IT 化、软件化的网络，从网络能力的角度带动整体网络价值的提升。在 SDN 架构下，对设备及业务的管理需要网络具备开放设备和业务信息的能力，实现设备和业务的双向感知并进行相应的适配和优化。

（3）第三方需求

① 数据分析平台实时性：通过对网络信息的深入挖掘和开放，能够实现业务数据的实时反馈，从而改善业务体验或提供更多的业务形态。

② 业务托管：SDN 可提供业务托管能力，第三方可将服务器部署在运营商的网络环境中，以改善用户体验。

③ 网络可向第三方提供定制的业务运营环境和网络资源，通过开放内容分发网络（Content Delivery Network，CDN）、用户认证等能力向第三方提供服务，使得业务更接近用户，以实时响应用户需求。

1.5 网络能力开放的商业价值

从 4G 到 5G，电信网络业务从传统的语音和数据业务拓展到千行百业，覆盖了智慧医疗、智慧电网、智慧城市等多个不同的业务场景。业务多样性对网络有着千差万别的诉求，驱动无线网络从传统的尽力而为转变为"差异化和确定性"体验的可保障网络。

随着 5G 网络所定义的高效、便捷和开放的网络架构的发展，网络能力开放具备了商业化应用的土壤，网络能力开放可以对上通过 SDK/API 等方式将网络能力封装，提供给政企、垂直行业、个人/家庭等第三方客户，对下基于运营商深厚的网络基础，进行能力整合和调用，以此打通上下游需求，为新型网络赋能，并创造新的 5G 网络商业价值：

① 拓展服务及市场，即帮助电信网络拓展新市场，发展新商业模式，从传统的 MBB 市场走向垂直行业市场，商业模式从 B2C 走向 B2B，深度开放网络能力；

② 多元能力构建，即构建具有竞争力的核心能力，实现网络能力部件的标准化和统一化，实现网络能力应用标准化；

③ 打造多方共赢的产业链，即产业各方构建良好的能力开放产业生态链，构建网络能力基础，实现多方共赢的生态系统。

随着 2020 年国家将 5G 网络和卫星互联网共同纳入"新基建"范畴，以及卫星通信向着高通量、低轨道的小型星座化方向发展，天地一体化网络及业务融合成为趋势，同时 6G 网络也将卫星接入纳入范畴并开展标准化研究。届时，网络能力在时间和空间维度开放的范围将越来越"深"和越来越"广"，能够提供全球全时全域无缝的服务，以及丰富多样的业务应用。随着"物""人""星"之间的全面互联，网络边界拓展到无人区、海洋、天空，可实现通信网络在任意时间、任意空间的全覆盖，真正实现全球用户无缝通信连接和丰富业务体验的愿景目标，具有很强的社会意义和经济意义。

第 2 章

网络能力开放标准演进之路

随着网络技术不断演进、移动通信业务类型不断丰富，电信产业链开始由原来的基础网络运营向提供个性化服务的方向演进，千行百业对于电信网络的差异化需求蓬勃发展。本章将分析 3G 时代、4G 时代、5G 时代的网络能力开放技术的特点和发展情况，详细介绍各时期网络能力开放的网络架构及关键技术。

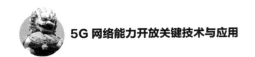

| 2.1 3G 时代 |

3G 时代是下一代网络（Next Generation Network，NGN）发展方向的开端，它具备提供语音、数据和多媒体等多种业务的综合开放的网络架构，可以支持快速业务部署及第三方业务控制，其显著特点和优势是业务提供能力的开放性。针对 NGN 对业务开放能力的要求，各电信研究机构和组织很早就对开放业务提供的技术进行了广泛的研究，其中获得业界广泛支持的是 3GPP 和 Parlay 研究组提出的 Parlay/OSA 体系结构，该体系结构将通信网络的能力抽象为开放的、标准的、与具体技术无关的 API，提供给包括业务提供商、第三方业务开发商和独立软件提供商在内的业务和应用开发者使用，从而使不熟悉电信网络的 IT 开发人员也能够方便地开发各类电信增值业务。

Parlay/OSA 采用服务器—客户机（Client-Server，C/S）的应用体系结构，Parlay 客户端就是应用服务器（Application Server，AS），由第三方业务供应商或网络运营商提供，以开发各种业务提供给终端用户使用。Parlay 服务器又称 Parlay 网关（Parlay Gateway，Parlay GW），它为 Parlay 客户端提供各种基本业务能力的支持，使 Parlay 客户端的业务能够有控制地、安全地进入各通信网内。Parlay 研究组没有规定 Parlay 服务器与各底层网络的资源接口，所以 Parlay 服务器和各通信网之间都是采用运营商自己设定的通信协议。Parlay 客户端通过调用 Parlay API 访问 Parlay 服务器，它们之间一般采用 CORBA 等分布对象技术进行通信。

虽然 Parlay API 对底层的网络细节进行了屏蔽，但在实际应用中发现 80% 的 Parlay 业务仅用到了 20% 的 Parlay API，由于 Parlay API 过于复杂和庞大，并需要应用开发者具备一定的电信背景知识，这在一定程度上限制了 Parlay API 的应用推广。为此，Parlay 研究组重新组合和封装了原来的 Parlay API，在 Parlay API 层之上建立了各具特色的 Parlay 业务组件模板 Parlay X，譬如用于 PC 桌面的 Parlay X、用于公司服务器的 Parlay X、用于手持终端的 Parlay X 等。每种 Parlay X 组件只用到了较少 APIs，以适应不同的业务需要，从而使第三方开发业务更加便捷。为了向 Internet 提供更加融合的电信增值业务，让第三方开发商也能方便地开发电信增值业务，Parlay 研究组推出了 Parlay X Web Services 规范，它是基于 Web Service 技术的开放业务开发接口，业界简称其为 Parlay X。

与 Parlay/OSA API 相比，Parlay X 完全针对缺乏电信网络知识的业务开发者而设计，在更高的层次对网络能力进行抽象，完全屏蔽了网络技术实现的细节，因此也更加简单易用。然而，简单带来的代价就是 Parlay X 的能力远没有 Parlay API 强大，它只能够提供一些基本的网络能力。

图 2-1 是 Parlay X API 在网络中的位置，可以看出，Parlay X APIs 位于现有网络之上，现有网络的网络单元通过 Parlay X 网关与应用服务器进行交互，从而提供第三方业务或综合业务。Parlay X 网关可以直接与网元连接，与网络单元之间的协议采用各个网络的现有协议；也可以通过 Parlay/OSA 网关与网元连接，这种情况下，Parlay X 网关与 Parlay/OSA 网关之间采用的是 Parlay 接口。

在实际应用中，网络运营商在 Web 门户上发布 WSDL 描述的 Parlay X 接口能力服务，应用服务器则通过通用描述、发现和集成（Universal Description Discovery and Integration，UDDI）协议来查询发现相应的 Parlay X 接口服务；在第三方完成基于发布的 Parlay X 接口能力的业务开发后，业务服务器就可以通过简单对象访问协议（Simple Object Access Protocol, SOAP）来绑定/使用 Parlay X 网关提供的 Parlay X 服务，从而提供第三方电信增值业务应用。

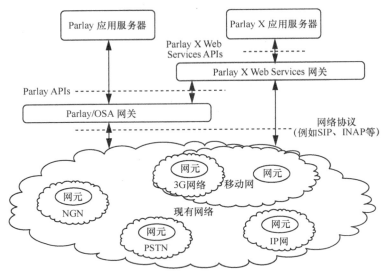

图 2-1　Parlay X API 在网络中的位置

| 2.2　4G 时代 |

在 4G 时代，随着电路域的弱化，分组交换成为核心，针对分组数据业务的调用及开放研究和标准制订工作成为另一个焦点。最早的 4G 能力开放架构是基于策略与计费控制（Policy and Charging Control，PCC）架构设计的，即在原有 PCC 架构的基础上，增加应用接入控制（Application Access Control，AAC）网元，该网元接收第三方应用请求后，发送给策略与计费规则功能（Policy and Charging Rules Function，PCRF）网元，AAC 网元/平台作为流量增值层，承担实现管道价值提升和流量附加值收益的重任，与 PCRF 采用标准 Rx 接口进行对接，为应用所服务的用户提供动态带宽加速、QoS 保障和差异化流量计费等功能，面向外部第三方企业探索智能管道价值服务。

基于 PCC 的能力开放方案如图 2-2 所示。该方案在传统的 PCC 架构的应用功能（Application Function，AF）实体和 PCRF 之间增加了一个统一的 AAC，ACC 用于根据应用的 QoS 要求向 PCRF 申请、调整网络资源，同时根据应用要求向 PCRF 执行网络资源事件通知订阅和取消，可以简化应用开放要求，提高网络安全性。

该架构在传统的 PCC 架构中新增了 AAC。AAC 接受来自第三方业务 AF 的应用层会话消息，并将消息发送给 PCRF。ACC 作为决策依据的输入信息的一部分，用于策略决策。PCRF 通过 AAC 反馈业务接纳、资源授权和链路状态等信息给 AF。

AAC 需要支持专载的会话维护和管理功能，包括会话状态的保存、会话查询、过期会话定期删除等功能。

同时，AAC 还需要实现专载业务策略规则，包括用户黑/白名单验证等功能。会话生命周期管理包括会话创建、会话修改和会话终止。

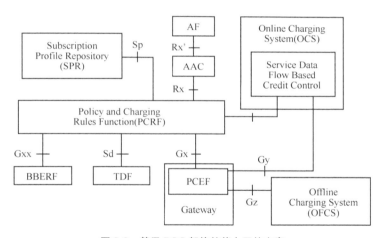

图 2-2　基于 PCC 架构的能力开放方案

（1）会话创建

PCC 业务管理平台调用 QoS 能力时，业务模块如果确定其是一次全新的交互请求，则针对此次请求创建一个新的会话，并分配一个唯一的超文本传输协议（HyperText Transfer Protocol，HTTP）接口的关联 ID（Correlation ID），在与 PCRF 进行交互后，基于当前用户的属性状态，将同时产生一个 Diameter 会话 ID，即 Rx 接口会话 ID（Session ID），该建立过程使用 AA-Request 命令。AAC 需要通过

Frame-IP-Address 数据标识名称（Attribute-Value Pair，AVP）或 Frame IPv6-Prefix AVP 提供完整的用户第 4 版互联网协议（Internet Protocol version 4，IPv4）、第 6 版互联网协议（Internet Protocol version 6，IPv6）或双栈地址，相应的业务信息在 Media-Component-Description AVP 中提供，同时保存 Correlation ID 与 Rx 会话的一一对应关系，该会话对应关系即对应一个 QoS 会话。至此，完成会话创建。

（2）会话修改

会话创建后，由 PCC 业务管理平台基于现存合法有效的会话 ID 发起的消息交互对现存会话进行修改，即 AAC 将针对新的消息交互，修改当前会话中保存的上下文信息。

（3）会话终止

业务模块根据会话监控属性和会话终止事件而终止当前有效会话，清除保存的会话上下文信息，释放对应的存储空间，生成会话日志话单。

其中，与会话终止有关的会话监控属性和会话终止事件详细如下。

会话属性，根据 ApplyQoSResourceRequest、modifyQoSResourceRequest 消息中的 Duration 属性等创建会话时，会生成会话生命周期监控事件，根据监控事件的 Duration 等属性，确定是否进行会话终止。

PCC 业务管理平台发起的会话终止事件包括应用发起的能力终止调用消息或者事件会话终止有关的消息以及加速时长到时后，AAC 自动触发的专载释放操作。

PCRF 侧触发的会话终止事件包括 PCRF 向 4G 流量加速平台发起的异常事件，业务模块根据异常事件，终止当前有效会话，同时通知应用关闭会话。

会话内消息管理包括：对于每个会话，将保存会话的各消息中的上下文信息，包括 Session ID、PCRF Host 等，确保所属会话的各个消息可关联且有效。

（4）事件订阅及事件上报

AAC 支持事件订阅及事件上报功能，并通过网络消息 RAR、ASR，将消息异步机制返回 PCC 能力开放平台。

事件订阅及事件上报具体包括：计费标识改变的事件、丢失承载的通知、恢复承载的通知、删除 IP-CAN 承载的通知、互联网协议地址（Internet Protocol Address，IP）接入方式变化事件、预定资源分配成功的通知、预定资源分配失败的通知、累积使用量

（流量/时长）上报的事件、资源分配已经过期的通知、资源分配详细信息的通知。

（5）会话消息传递

AAC 具备转发 PCC 管理平台下发策略带宽等级的能力，能够将公私网 IP、时长、目的 IP、最大上行带宽、最大下行带宽、最小上行带宽、最小下行带宽、手机号码、关联 ID 等请求参数中的信息透传至下游。

从业务使用及应用角度来看，流量策略（加速）业务需求较高与无线网络覆盖与优化、端到端的加速质量评测有一定关系。

互联网应用业务需求如图 2-3 所示，手机游戏、交易、直播等对时延和带宽敏感的互联网应用对加速业务需求尤为强烈。

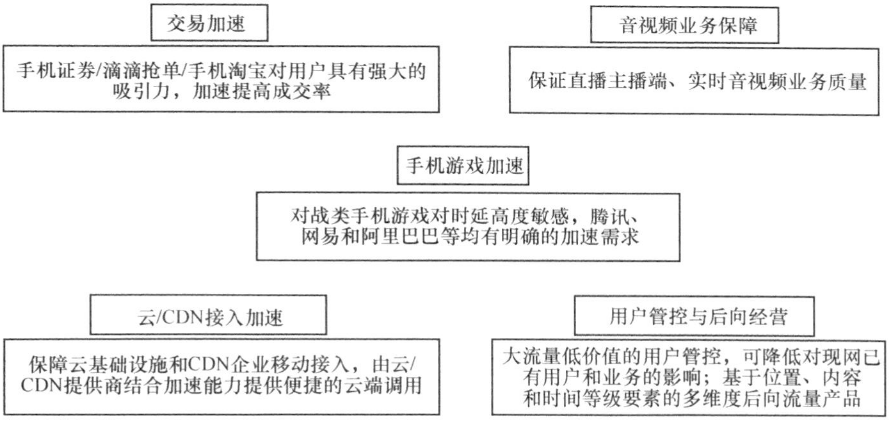

交易加速
手机证券/滴滴抢单/手机淘宝对用户具有强大的吸引力，加速提高成交率

音视频业务保障
保证直播主播端、实时音视频业务质量

手机游戏加速
对战类手机游戏对时延高度敏感，腾讯、网易和阿里巴巴等均有明确的加速需求

云/CDN接入加速
保障云基础设施和CDN企业移动接入，由云/CDN提供商结合加速能力提供便捷的云端调用

用户管控与后向经营
大流量低价值的用户管控，可降低对现网已有用户和业务的影响；基于位置、内容和时间等级要素的多维度后向流量产品

图 2-3　互联网应用业务需求

AAC 能够在一定程度上满足 4G 数据流量管控（加速/减速等）需求，但该架构仅仅针对 PCC 网元，并不针对全网通用的统一能力开放架构。若使用网络其他能力，特别是针对物联网终端等不同需求时，AAC 就无能为力。于是，3GPP 标准组织同时定义了网络业务能力开放功能（Service Capability Exposure Function，SCEF）网元，如图 2-4 所示。最初，该网元是专门为窄带物联网（Narrowband Internet of Things，NB-IoT）设计引入的，它除了用于解决非 IP 数据传输，还能够把 3GPP 定义的网络接口提供的网元业务能力安全地开放给第三方业务提供商，作为统一能力开发架构的标准，实现网络能力的统一开放。

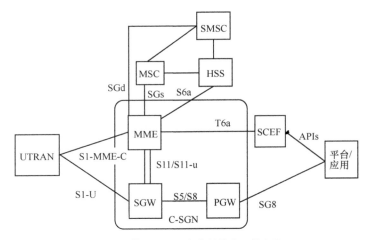

图 2-4　基于 SCEF 架构的能力开放方案

　　SCEF 网元对外通过 T8 北向 API 与第三方业务提供商进行业务交互，对内通过南向各类 3GPP 接口连接不同的网元实体，例如归属用户服务器(Home Subscriber Server，HSS)、PCRF、移动性管理实体（Mobility Management Entity，MME）、S-CSCF 等，具体如图 2-5 所示。

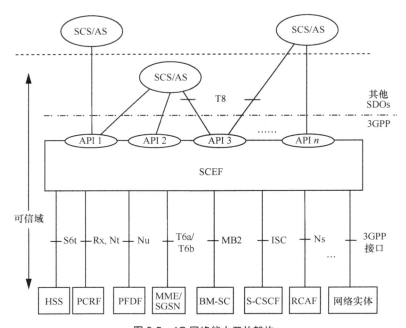

图 2-5　4G 网络能力开放架构

从能力开放角度来看，SCEF 是运营商内部网络资源和外部的桥梁，通过 3GPP 网络接口能够安全地提供业务和网络能力，其主要的功能包括：身份验证和授权、API 消费者的身份识别、档案管理、接入控制、策略增强、基础设施策略、业务策略、安全、与网管系统集成、抽象、底层协议连接/路由和流量控制、协议转换及 API 到网络接口的映射。

从接口协议来看，内部接口基本采用 Diameter 协议栈，外部接口 T8 采用 3GPP 定义的 HTTP RESTful 协议（JSON），如图 2-6 所示，主要包括：群组信息传递、监控、大时延通信、网络状态查询、后台数据传输资源管理、通信模式、非 IP 数据传输、背景流量、覆盖增强、网络参数配置等 API 调用功能。内部接口均采用 Diameter 协议栈，包括 T6a、S6t、Rx 等接口，见表 2-1。

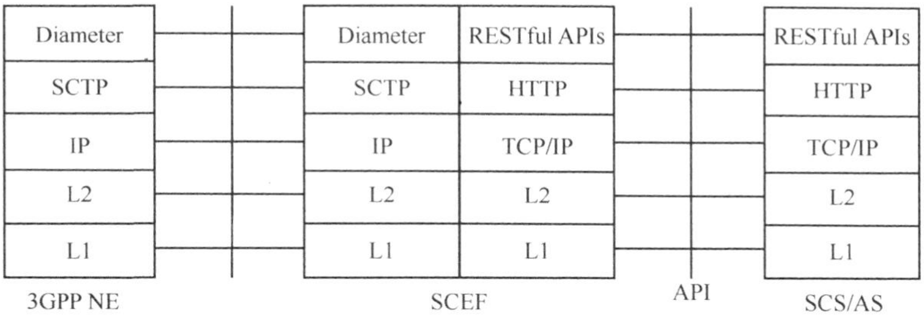

Diameter		Diameter	RESTful APIs		RESTful APIs
SCTP		SCTP	HTTP		HTTP
IP		IP	TCP/IP		TCP/IP
L2		L2	L2		L2
L1		L1	L1		L1
3GPP NE			SCEF	API	SCS/AS

图 2-6　SCEF 外部协议栈

表 2-1　SCEF 内部协议栈

分类	接口	标准	连接网元	主要功能
内部接口	T6a/T6b	TS.29.128	MME/SGSN	① 非 IP 数据传输； ② 终端监控
	S6t	TS 29.336	HSS	① 终端通终端通信模式设置； ② 签约信息获取； ③ 终端监控
	Rx	TS 29.214	PCRF	① 按需控制承载； ② 终端监控
	Nt	TS 29.154	PCRF	设定背景数据传输
	Ns	TS 29.153	RCAF	无线拥塞状态获取
	MB2	TS 29.468	BMSC	群组通信
	ISC		S-CSCF	第三方 AS
外部接口	T8	TS 29.122	SCA/AS	API

外部接口采用 3GPP R15 定义的 HTTP RESTful 协议（JSON），即 T8 接口，主要包括：群组信息传递、监控、大时延通信、网络状态查询、后台数据传输资源管理、通信模式、非 IP 数据传输、背景流量、覆盖增强、网络参数配置等 API 调用功能。

| 2.3 5G 时代 |

随着 5G 时代的到来，千行百业对电信网络的差异化需求蓬勃发展，5G 能力开放是 5G 时代的重要商业模式之一。从整体市场需求来看，能力开放市场空间大、需求旺盛。同时，5G 旺盛的行业/应用发展，对传统通信网络能力提出了新诉求。随着网络和技术的发展，5G 网络架构和部件的持续服务化、开放化、白盒化发展为网络能力开放的应用提供了培育土壤。从行业趋势来看，基于运营商网络构建合作共赢的创新业务模式已经成为共识。因此，5G 网络在哪些场景提供哪些核心能力，如何转化为面向需求方开放的业务/应用，是 5G 时代仍须探讨的关键问题。

根据标准化进展和商业应用趋势，对于外部第三方业务提供商来说，其获取运营商业务或网络能力的需求不同，5G 网络能力开放方式大体分为 3 类。

① 端侧开放：从终端侧进入运营商网络，主要的方式是 APP（集成运营商 SDK 功能），通过 5G 架构下各种方式接入运营商网络，直接使用运营商业务。

② 网络侧开放：从网络侧进入运营商网络，主要通过第三方平台和运营商服务器之间对接实现，通过网络能力开放功能（Network Exposure Function，NEF）网元北向 API 对接方式开放，实时或者非实时通过 NEF 下发消息完成 5G 业务能力的调用。基于 5G NEF 的能力开放请参考本书第 3.3 节。

③ 管理开放：从服务管理侧进入运营商网络，间接影响运营商的网元路由组织和资源（例如网络切片）、业务数据配置管理（例如更改配置数据）等相关参数。

5G 网络能力的调用基于北向与第三方接口 API 及架构实现。

对于能力开放与第三方北向接口，在国际标准领域，存在多个与北向 API 相关的标准，例如，3GPP 29.501 中定义的 NEF、3GPP TS 23.682 中定义的 SCEF、3GPP TR

26.981 中定义的多媒体广播多播业务（Multimedia Broadcast Multicast Service，MBMS）服务提供者等。为了避免不同 API 标准之间重叠或者保持一致，目前，3GPP 在 TS 29.222 中定义了通用北向（Common API Framework，CAPIF）架构，对 4G SCEF、5G NEF 等涉及的北向 API 调用架构进行了规定，以使通用北向架构面向第三方开放。

CAPIF 定义的 4 个功能实体描述如下。

① AEF（API Exposing Function）提供 API 暴露、API 开放功能，并与 CAPIF Core Function 配合完成对 API 调用者的认证、授权。

② APF（API Publishing Function）向 CAPIF Core Function 发布 API 提供者（API Provider）提供的 API 信息，以便 API 调用者（API Invoker）可以发现 API 服务。

③ AMF（API Management Function）为 API Provider 提供管理 API 功能。

④ CAPIF Core Function 基于 APF、AMF 发布的 API Invoker 的身份信息、API 信息等实现 API 调用前的认证及使用 API 之前的授权、日志等功能。

如图 2-7 所示，CAPIF 通常设置于 PLMN 中。API 调用者通常由与运营商达成协议的第三方应用提供。API 调用可以安置在 PLMN 的相同可信域内。

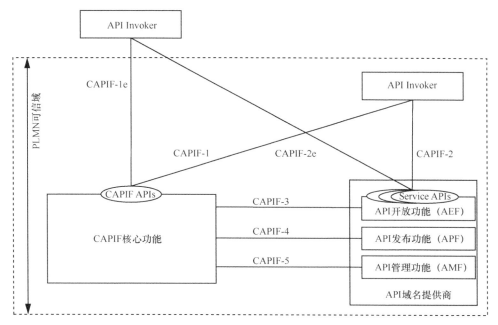

图 2-7　CAPIF 通用北向架构（摘自 3GPP 29.222）

在 PLMN 可信域内的 API 调用者通过 CAPIF-1、CAPIF-2 与 CAPIF 互动。来自 PLMN 可信域外部的 API 调用者通过 CAPIF-1e、CAPIF-2e 与 CAPIF 合作。在 PLMN 可信域内的 API 提供域的 API 开放功能，API 发布应用和 API 管理功能通过 CAPIF-3、CAPIF-4、CAPIF-5 与 CAPIF 核心功能互动。

CAPIF 核心功能基于 CAPIF-1 和 CAPIF-1e 向 CAPIF API 提供调用。API 开放功能基于 CAPIF-2 和 CAPIF-2e 向 API 调用者提供服务 API。

表 2-2 说明了通用 API 架构与 3GPP 5G 系统网络能力开放间的关系。

表 2-2　通用 API 架构与 3GPP 5G 系统网络能力开放间的关系

相关方面	通用 API 架构	5G 系统网络能力开放
向外部或第三方应用提供 API	AEF	NEF
向应用提供与架构相关的服务（发现、认证、授权等）	CAPIF 核心功能	NEF（尚未规定）
外部或第三方应用	API 调用者	AF
提供与架构相关的服务，以支持 API 的操作和管理（发布、策略、计费控制）	CAPIF 核心功能	NEF（尚未规定）
开放网络能力为 API 的接口/参考点	CAPIF-2 和 CAPIF-2e（不包括服务特定方面）	Nnef
开放架构服务为 API 给应用的接口/参考点	CAPIF-1 和 CAPIF-1e	Nnef（尚未规定）
架构服务的接口/参考点，以支持 API 的操作和管理	CAPIF-3、CAPIF-4 和 CAPIF-5	NEF 内部

3GPP CAPIF 框架针对 5G NEF 网元提供多种映射选择。

映射 1：如图 2-8 所示，NEF 参照完整的 3GPP CAPIF 框架执行映射，NEF 能实现完整的能力开放平台，在该部署场景下，NEF 实现通用 API 架构的核心功能、API 开放功能、API 发布功能和 API 管理功能。

映射 2：如图 2-9 所示，NEF 只映射为 3GPP CAPIF 的 AEF、APF、AMF 部分，其余部分由全网能力运营平台实现。

映射 3：如图 2-10 所示，NEF 只映射为 3GPP CAPIF 的 AEF 部分，其余部分由全网能力运营平台实现。在此实现中，NEF 上层还有 API GW（统一的能力开放平台）可进行能力开放，API GW 还可以连接其他能力网元的北向 API 进行开放。

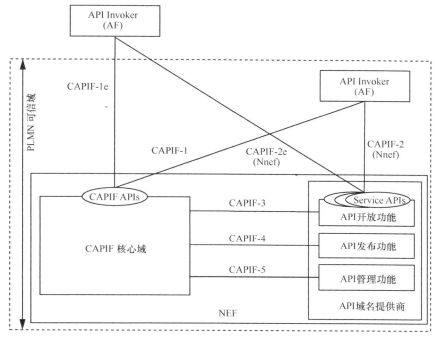

图 2-8 NEF 实现通用 API 架构（映射 1）

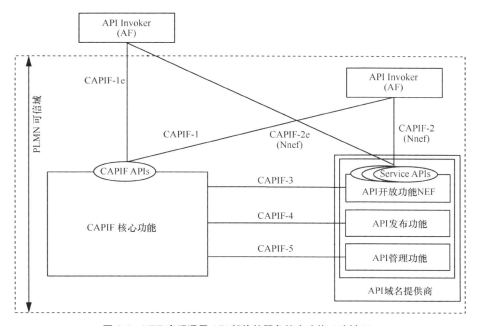

图 2-9 NEF 实现通用 API 架构的服务特定功能（映射 2）

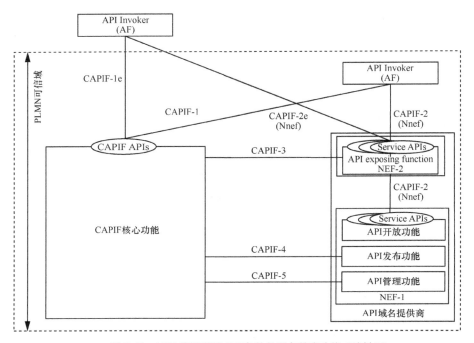

图 2-10　NEF 实现通用 API 架构的服务特定功能（映射 3）

　　通常情况下，CAPIF 核心功能、APF、AMF 由运营商独立建设（由网络能力运营平台实现），AEF 则由 API GW 与大区 NEF 实现分布式部署，即采用映射 3 方式。

第 3 章

5G 网络能力开放关键技术

5G 能力开放是 5G 时代的重要商业模式之一，是 5G 网络的关键技术特征。本章将针对 5G 网络可提供的重点网络能力进行详细介绍。

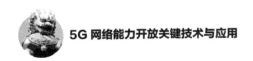

|3.1　5G 网络能力概览 |

5G 网络能力全景如图 3-1 所示。

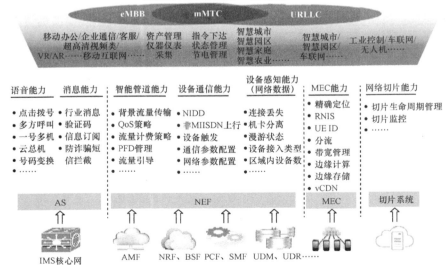

图 3-1　5G 网络能力全景

5G 网络能力是指基于 5G 网络系统，可对外封装提供的能力。从 5G 网络能力开放基于提供网络/网络提供实体等角度区分，主要有以下几大类：

① 5G 核心网（5GC）能力；

② 5G 语音能力；

③ 5G 消息能力；

④ 5G 边缘计算能力；

⑤ 5G 切片能力。

本章针对 3GPP R15 版本 5G 网络可提供的开放能力将重点进行逐节介绍。

5GC 能力是 5G 网络具备的核心差异化能力，是 5G 网络对外进行能力开放的核心基础，是连接 5G 各关键能力的关键纽带。5GC 网络能力开放的实现主要基于 3GPP 制定的能力开放架构及 5GC 标准网元 NEF。

5G 语音能力主要由 IMS 基础网络提供，由多媒体电话业务（MultiMedia Telephony，MMTEL）语音平台实现语音、视频类业务的能力开放，具体可包括一号多终端、企业语音等。

5G 消息能力主要由 IMS 基础网络提供，由融合通信（Rich Communication Suite，RCS）/消息平台（Messaging as a Platform，MaaP）实现消息类业务的能力开放，包括 RCS 融媒体通信等。

边缘计算能力主要由边缘计算（Multi-access Edge Computing，MEC）网络（MEC 平台、UPF、AMF 等）提供，由 MEC 能力开放平台实现，具体可包括位置定位、流量分流等。

5G 网络切片能力主要由切片管理网元、通信服务管理网元（Communication Service Management Function，CSMF）、网络服务管理网元（Network Service Management Function，NSMF）等提供，由 CSMF 实现，具体包括切片创建、切片管理、切片定制等。

| 3.2　5G 网络能力分层架构 |

基于上述 5G 网络能力开放能力概况，5G 网络能力开放分层架构如图 3-2 所示。

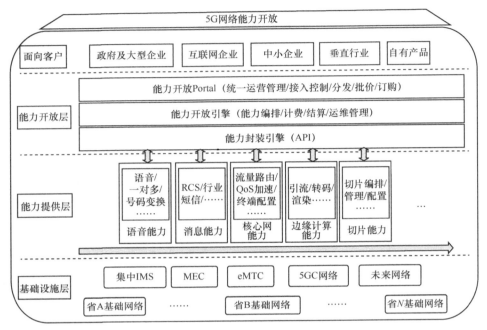

图 3-2　5G 网络能力开放分层架构

5G 网络能力开放整体按照能力开放层、能力提供层、基础设施层分离架构的松耦合方式部署。

（1）能力开放层

能力开放层是网络能力对外开放的出口，包括开放门户、计费受理等核心模块，满足千行百业对 5G 网络的业务需求开通及订购。

（2）能力提供层

能力提供层是 5G 网络能力的使能层，利用能力提供层逐步构建 5G 网络侧能力体系，包括 5GC 核心网能力、5G 语音能力、5G 消息能力、5G 边缘计算能力、5G 网络切片能力等；同时，逐步探索 5G 网络能力与人工智能、区块链等技术相结合，面向未来应用场景探讨 5G+N 能力开放。

（3）基础设施层

基础设施层是 5G 网络设备资源层，包括 IMS、5GC 等网络系统，是网络能力的网络基础资源。

| 3.3　5GC 能力开放 |

3.3.1　概述

5G 网络具有更高的速率、更低的时延，支持更高的移动性和更大的连接数等。5G 核心网（5G Core，5GC）采用服务化架构（Service Based Architecture，SBA），将传统的网元转换为网络功能（Network Function，NF）。相比 4G 封闭的网络架构，SBA 为 5G 能力开放提供了天然的网络条件。

5GC 网络能力是 5G 网络具备的核心差异化能力，是 5G 网络对外进行能力开放的核心基础，是连接 5G 各关键能力的关键纽带。5GC 网络能力开放的提供和实现主要基于 3GPP 制定的能力开放架构及 5GC 标准网元 NEF。本章将基于 3GPP R15 版本的国际标准的相关结论，重点介绍 5GC 能力方案涉及的架构、功能实现。

3.3.2　5GC 能力开放的需求场景

利用 5G 网络架构展开网络能力开放的需求场景主要包含如下。

（1）场景 1：用户状态监控

运营商向第三方业务平台开放用户的状态信息，例如用户的漫游网络、连接状态、通信失败事件、位置信息等。用于学生平安信息通报、无线传感器维护等场景。

（2）场景 2：用户轨迹

运营商与某第三方业务提供商签署协议，向第三方开放用户终端（User Equipment，UE）的实时轨迹信息。这样，该第三方（如紧急救援队）就可以获取某一区域内的 UE 数量和匿名位置。另外，类似于交通管理部门等的第三方可以得到动态的交通信息（例如 UE 的速度和数量等）。运营商从 HSS、MME、无线接入网（Radio Access Network，RAN）等获取网络信息来确定某个区域内的 UE 信息。

（3）场景 3：定制化的网络功能参数

运营商允许外部第三方业务提供商为用户提供预期的 UE 行为信息，这些信息包括预期 UE 移动性信息和通信特征信息。UE 移动性信息包括节电、切片等信息。

提供定时通信模式信息，机器类型通信（Machine Type Communication，MTC）服务器可提供通信模式信息，通信模式相关参数会存储在用户的签约数据中，用于优化移动运营商的资源利用。通常，MTC 服务器对终端的通信模型有较好的设计，很多机器对机器（Machine-to-Machine，M2M）应用使用轮询机制从 MTC 设备接收数据，这意味着 MTC 服务器可以控制获取数据的时间。对于通信模式的设置，可以优化资源利用，例如，如果在短时间内，预测终端还有数据发送，则终端应该保持在连接态；而如果在较长时间内，预测数据交换不会发生，则终端应该回退到空闲态。

（4）场景 4：QoS 保障

3GPP 核心网应该能够允许 M2M 或第三方业务提供商请求建立具有特定 QoS（Quality of Service，业务质量）的会话连接（如低时延和抖动），并且优先处理该 M2M 或第三方业务提供商服务的 UE。

某 M2M 业务提供商在 MTC Server 上运行多个 M2M 业务，并且与多个运营商的 3GPP 网络有接口。该 MTC Server 知道所有 MTC 设备的外部标识，因此，可以寻找到这些设备。如心脏病病人可以穿戴 MTC 设备，当病人出现心脏病发作迹象时，该设备会通知医院（MTC Server）；MTC Server 需要与该 MTC 设备建立可靠的会话连接，要求 MTC 设备具有高的 QoS，从而可以进行线下的诊断，并且提供急救服务，即使网络拥塞，也可以立刻建立会话连接。

（5）场景 5：计费

运营商为第三方业务提供商开放计费策略，第三方业务提供商上线了一款新的网络游戏并获取了一批线上玩家，玩家使用智能手机连上运营商网络享受此款网络游戏，第三方业务提供商和运营商签署协议，第三方业务提供商可改变计费模式。如业务提供商向网络请求改变计费模式，为升级为重点用户（Very Important Person，VIP）的玩家付费。计费模式包括用户为数据流量付费、第三方业务提供商为数据流量进行付费或用户和第三方业务提供商共同为数据流量付费。

（6）场景 6：背景流量

第三方业务提供商希望在特定区域内为其移动用户提供推送业务，如智能手机的软件升级服务或者音乐/视频的推送。策略控制功能（Policy Control Fanction，PCF）需支持背景流量传输的管理策略，支持在多个时间窗（对应最大聚合比特率、费率）内发起背景流量传送。

（7）场景 7：数据广播

第三方业务提供商可以请求在一个特定地理区域，向一组设备发送广播消息，第三方服务提供商为这组设备提供服务。

M2M 业务提供商可以通过 3GPP 的网络向 MTC 设备发送广播数据，如汽车告警，当发生交通事故时，告警业务提供商在特定的地理区域收到事故指示，告警中心可以通知周围的汽车，收到告警信息的汽车可以减速或者切换其他路线，这样有助于避免二次事故的发生，或者避免拥堵。M2M 服务提供商需要从 MTC 服务器向所有或者部分 MTC 设备发送告警。因此使用普通的单播消息机制效率较低，因为这种告警消息需要及时通知特定区域的所有相关设备，而且通信网络需要路由大量低时延的单播消息。

（8）场景 8：流量引导能力

运营商向第三方应用开放流量引导能力。流量引导能力主要应用于低时延类场景，如服务于工业控制的应用可以将工业控制业务流引导到本地网。

3.3.3　5GC 能力介绍

5GC 移动通信网络开放能力主要分为事件监控与上报能力、参数配置能力、QoS 策略/计费能力、流量引导能力、背景数据传送能力。

（1）事件监控与上报能力

监控能力可以开放的监控事件是和 5G 系统移动性管理相关的事件。NEF 收到外部第三方应用的监控请求，向 5G 各 NF 订阅特定的监控事件，各 NF 启动监控事件检测，检测到事件后上报监控事件给 NEF，NEF 上报第三方应用。监控事件包括：

① UE 可达事件；

② 位置报告事件；

③ 机卡分离事件；

④ 漫游状态事件；

⑤ 通信故障事件；

⑥ DNN 失败后 UE 可达事件；

⑦ 特定区域内用户数事件。

（2）参数配置能力

参数配置能力允许外部第三方应用通过 NEF 为 5G NF 提供预期的 UE 行为信息。配置信息包括预期 UE 信息（比如节电、切片等信息）和通信模式信息。NEF 认证和授权第三方应用，接收应用提供的参数配置信息，将此信息作为签约数据通过 UDM 存储到 UDR，并分发给使用这些信息的 NF。预期 UE 行为信息的每个参数都有指示有效时间，当有效时间过期时，相关的 NF 会删除其关联的预期 UE 行为参数。

（3）QoS 策略/计费能力

策略/计费能力允许外部第三方应用通过 NEF 接收策略和计费请求，通知各 NF 执行特殊策略和计费方式。该能力可用于针对 UE 会话进行特定的 QoS（包括 QoS 申请、修改、删除、查询与上报）或 PFD（包括 PFD 规则的创建、删除、获取、订阅与上报）等策略，并可指配计费方和计费费率。

（4）流量引导能力

NEF 可支持流量引导功能，包括向 AF 开放申请、修改、删除操作，并通过 PCF 下达策略控制给 SMF，SMF 根据收到的 PCC 规则（路由策略）重新选择 UPF，用于边缘计算和切片选择。

（5）背景数据传送能力

第三方业务提供商希望在特定区域内为其移动用户提供推送业务。PCF 需支持背景流量传输的管理策略（支持与 NEF 接口协商），支持在多个时间窗（对应最大聚合比特率、指定费率）内发起背景流量传送。NEF 支持向 AF 开放背景数据的申请与更新操作，并下达背景数据策略控制请求给 PCF。

3.3.4　5GC 能力开放架构

（1）概述

为满足上节所述相关需求场景，3GPP 标准明确了 5GC 网络能力架构及具备的网络能力。本节将基于 3GPP R15 版本标准对 5GC 能力开放网络架构及 5GC 网络能力分层架构进行介绍。

（2）5GC 能力开放网络架构

5G 系统架构如图 3-3 所示。

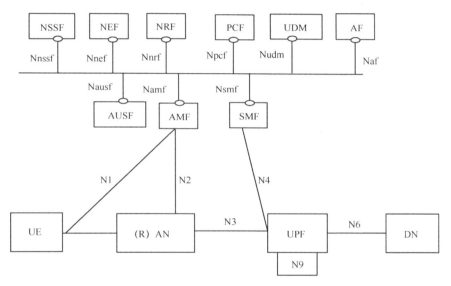

图 3-3　5G 系统架构示意（摘自 3GPP 23.501）

5G 核心能力的提供依赖于 5GC 能力开放架构与 5GC 标准网元 NEF。NEF 属于 5GC 标准化网元，是 5GC 对外开放和应用的锚点。由于 5G 总线化架构，NEF 开放的能力可以分为外部和内部能力开放两类。

① 外部开放，即对外对接 AF，对内对接 NF，负责内外部处理信息的传递和翻译，完成外部请求到内部网络资源的调用。

外部开放能力分为监控能力、参数配置能力和策略/计费能力。监控能力用于监控 UE 在 5G 系统中的特定事件，并通过 NEF 将这些监控信息向外部开放；参数配置能力允许外部第三方应用提供在 5G 系统中用于 UE 的信息；策略/计费能力用于根据第三方应用请求执行 UE 的 QoS 和计费策略。

② 内部开放，即完成运营商内部网元功能 NF 信息的交互，同时通过统一数据存储（Unified Data Repository，UDR），完成不同网元功能的相关信息的存储访问。例如，AMF 提供移动性相关的事件给各 NF。例如，在注册过程中，当 AMF 改变后，新 AMF 会通知每个 SMF UE 的可达状态。

（3）5GC 能力开放架构

在 5G 网络下，5GC 能力开放架构以 NEF 为开放锚点，通过 NEF 北向 N33 接口与可信或非可信 AF 相连，南向通过服务化架构以总线方式与所有相连，如图 3-4 所示。

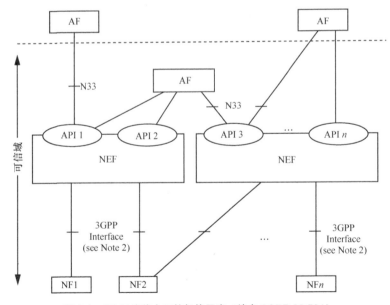

图 3-4　5G 网络能力开放架构示意（摘自 3GPP 23.501）

3.3.5　5GC 能力开放涉及的网元及功能

（1）NEF 主要功能

NEF 支持以下独立功能。

① 能力和事件的曝光：3GPP NF 通过 NEF 向其他 NF 公开功能和事件。NF 展示的功能和事件可以安全地展示，例如第三方、应用功能、边缘计算。

NEF 使用标准化接口（Nudr）将信息作为结构化数据存储/检索到 UDR。

② 从外部应用流程到 3GPP 网络的安全信息提供：NEF 为应用功能提供了一种手段，让应用功能可以安全地向 3GPP 网络提供信息，例如预期的 UE 行为。在这种情况下，NEF 可以验证和授权并协助限制应用功能。

③ 内部与外部信息的翻译：NEF 在与 AF 交换的信息和与内部网络功能交换的信息之间进行转换。例如，NEF 在 AF-Service-Identifier 和内部 5GC 信息之间进行转换。特别是，NEF 可根据网络策略处理对外部 AF 的网络和用户敏感信息进行屏蔽。

④ 网络曝光功能从其他网络功能接收信息（基于其他网络功能的公开功能）。NEF 使用标准化接口将接收的信息作为结构化数据存储到 UDR。所存储的信息可以由 NEF 访问并"重新展示"到其他网络功能和应用功能，并用于其他目的，例如分析。

⑤ 支持分组流描述功能：NEF 中的分组流描述（Packet Flow Description，PFD）功能可以在 UDR 中存储和检索 PFD，并且应 SMF 的请求（Pull 模式）或根据请求提供给 SMF。

特定 NEF 实例可以支持上述的一个或多个功能，因此单个 NEF 可以支持为能力展示指定的 API 子集。

（2）NEF 涉及的 UDR 存储

NEF 涉及相关的数据，主要存储在 UDR 中。如图 3-5 所示，5G 系统架构允许任何 NF 在非结构化存储功能（Unstructured Data Storage Function，UDSF）中存储和检索其非结构化数据。UDSF 属于网络功能所在的同一 PLMN。NF 可以共享用于存储它们各自的非结构化数据的 UDSF，或者可以具有自己的 UDSF。

图 3-5 来自任何 NF 的非结构化数据的数据存储架构

如图 3-6 所示，5G 系统架构允许 UDM、PCF 和 NEF 在 UDR 中存储数据，包括 UDM 和 PCF 的用户数据和策略数据，用于开放结构化数据、NEF 对应用检测的描述及多个 UE 的 AF 请求信息。

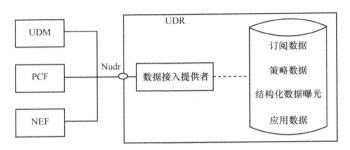

图 3-6　数据存储架构

Nudr 接口是为网络功能（NF 服务消费者）定义的，例如 UDM、PCF 和 NEF，接入是一组特定的数据存储和读取及更新，包括添加、修改、删除和用户 UDR 中相关数据变更的通知。

通过 Nudr 访问 UDR 的每个 NF 服务消费者应能够添加、修改更新或删除其有权更改的数据。此授权应由 UDR 根据每个数据集和 NF 服务使用者执行，并且可能基于每个 UE 用户粒度执行。

通过 Nudr 向相应的 NF 服务消费者公开且存储的 UDR 集中的以下数据应标准化：

① 用户数据；

② 策略数据；

③ 结构化数据；

④ 应用数据，用于应用检测 PFD 和多个 UE 的 AF 请求信息。

基于服务的 Nudr 接口定义由数据集公开的 3GPP 定义信息单元的内容和格式/编码。此外，NF 服务消费者可以从 UDR 获取并接入操作员特定数据集及每个数据集的操作员特定数据。

（3）NEF 涉及的 AF 应用

AF 与 3GPP 核心网络交互以提供服务，例如支持以下内容：

① 应用流程对流量路由的影响；

② 访问网络曝光功能；

③ 与控制策略框架互动。

基于运营商部署，可以允许运营商信任的 AF 直接与相关网络功能交互。

如果运营商不允许 AF 直接接入网络，则 AF 应使用 NEF 与 5GC 进行交互。

AF 可以负责本地数据网络（Data Network，DN）内的重新选择或重新定位应用流程。AF 可以请求获得与 PDU 会话相关的事件的通知。

AF 请求经由 N5 被发送到 PCF（在针对各个 UE 特定的正在进行的 PDU 请求的情况下，对于允许与 5GC NF 直接交互的 AF）或者经由 NEF 发送。针对多个 UE 或任何 UE 的现有或未来 PDU 会话的 AF 请求，经由 NEF 发送并且可以针对多个 PCF。PCF 将 AF 请求转换为适用于 PDU 会话的策略。当 AF 用户收到来自 SMF 的用户面路径管理事件通知时，这些通知会直接发送到 AF 或通过 NEF 发送。

3.3.6　5GC 能力开放的主要接口

基于 5GC 能力开放架构，与 NEF 交互主要涉及的接口包括 Nnef、Nudm、Nudr、Npcf、Namf、Nsmf 等。

（1）NEF 北向接口

5G 中 NEF 北向接口位于 NEF 和 AF 之间，如图 3-7 和图 3-8 所示。其中，在图 3-7 所示的架构中，北向接口表示为 Nnef，在图 3-8 所示的架构中，北向接口表示为 N33。一个 AF 可以从多个 NEF 获取服务，而一个 NEF 可以向多个 AF 提供服务。

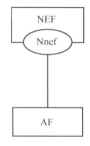

图 3-7　服务化架构中的北向接口 Nnef

图 3-8　参考点架构中的北向接口 N33

北向接口支持的能力可以归为 3 类：监测功能、配置功能和策略/计费功能。北向接口基于 RESTful API 实现，每个能力对应一个 API，具体见表 3-1。

表 3-1　北向接口

北向接口能力描述	北向接口能力对应的 API
用户状态监测	Nnef_EventExposure Service
设备触发	Nnef_Trigger Service
背景数据传输的资源管理	Nnef_BDTPNegotiation Service
通信模式参数配置	Nnef_ParameterProvision Service
数据包流描述（PFD）管理	Nnef_PFDManagement Service
通信量影响	Nnef_TrafficInfluence Service
计费模式变更	Nnef_ChargeableParty Service
建立所需 QoS 的 AF 会话	Nnef_AFSessionWithQoS Service

（2）NEF 南向接口

NEF 作为 5G 网络能力开放的出口，在南向上涉及与 UDM、PCF、AMF、SMF、NRF 等服务模块之间的业务调用和交互。

当 CAPIF 作为统一的能力开放接口和平台对外实现能力开放功能时，南向支持与 NEF 同等的功能，实现与 UDM、PCF、AMF、SMF、NRF 等服务模块之间的业务调用和交互。

1）Nudm

Nudm 提供的 NF 业务见表 3-2。

表 3-2　Nudm 提供的 NF 业务

NF 服务	服务操作	操作语义	客户端示例
EventExposure	Subscribe	Subscribe/Notify	NEF
	Unsubscribe		NEF
	Notify		NEF

EventExposure 服务使 NF 消费者订阅接收事件，或者如果订阅已在 UDM 中定义，则更新订阅，取消订阅，以及 UDM 通知订阅事件。

2）Npcf

Npcf 提供的 NF 业务见表 3-3。

表 3-3　Npcf 提供的 NF 业务

NF 服务	服务操作	操作语义	客户端示例
Npcf_Policy Authoriza-tion	Create	Request/Response	AF、NEF
	Update	Request/Response	AF、NEF
	Delete	Request/Response	AF、NEF
	Notify		AF、NEF
	Subscribe	Subscribe/Notify	AF、NEF
	Unsubscribe		AF、NEF
Npcf_BDTPolicyControl	Get	Request/Response	NEF
	Update	Request/Response	NEF

Npcf_Policy Authorization 服务用于授权 AF 请求，并根据授权 AF 为 AF 会话绑定的 PDU 会话创建策略。该服务允许 NF 消费者订阅/取消订阅事件通知（例如，访问类型或 RAT 类型的改变，PLMN 标识符的改变）。

Npcf_BDTPolicyControl 服务提供后台数据传输策略，包括以下功能：

① 根据来自 AF 的 NEF 的请求获取后台数据传输策略；

② 根据 AF 提供的选择更新后台数据传输。

3）Namf

Namf 提供的 NF 业务见表 3-4。

表 3-4　Namf 提供的 NF 业务

NF 服务	服务操作	操作语义	客户端示例
Namf_Com-munication	N1MessageNotify	Subscribe/Notify	SMF、SMSF、PCF、NEF、LMF
	N1MessageSubscribe		SMF、SMSF、PCF、NEF
	N1MessageUnSubscribe		SMF、SMSF、PCF、NEF
	N1N2MessageTransfer	Request/Response	SMF、SMSF、PCF、NEF、LMF
	AMFStatusChangeSubscribe	Subscribe/Notify	SMF、PCF、NEF、SMSF、UDM
	AMFStatusChangeUnSubscribe	Subscribe/Notify	SMF、PCF、NEF、SMSF、UDM
	AMFStatusChangeNotify	Subscribe/Notify	SMF、PCF、NEF、SMSF、UDM

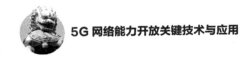
（续表）

NF 服务	服务操作	操作语义	客户端示例
Namf_Even-tExposure	Subscribe	Subscribe/Notify	NEF、SMF、PCF、UDM
	Unsubscribe	Subscribe/Notify	NEF、SMF, PCF、UDM
	Notify	Subscribe/Notify	NEF, SMF、PCF、UDM
Namf_MT	EnableUEReachability	Request/Response	NEF、SMF、PCF、UDM

Namf_Communication 服务使 NF 能够通过 N1 NAS 消息与 AN（UE 和非 UE 特定）进行通信。下面定义的服务操作允许 NF 与 UE、AN 通信。此 NF 服务的主要功能如下：

① 提供用于将 N1 消息传输到 UE 的服务操作；

② 允许 NF 订阅和取消订阅来自 UE 的特定 N1 消息的通知；

③ 允许 NF 订阅和取消订阅来自 AN 的特定信息的通知；

④ 提供服务操作以向 AN 发起 N2 消息；

⑤ 安全上下文管理；

⑥ UE 信息管理和传输（包括其安全上下文）。

Namf_EventExposure 服务使 NF 能够订阅并获得有关事件的通知，包括以下 UE 访问和移动性信息事件：

① 位置变化（TAI，小区 ID，N3IWF 节点，UE 本地 IP 地址和可选的 UDP 源端口号，感兴趣的区域）；

② UE 移入或移出订阅的"感兴趣区域"；

③ 时区变化（UE 时区）；

④ 接入类型改变（3GPP 接入或非 3GPP 接入）；

⑤ 注册状态变更（已注册或注销）；

⑥ 连接状态改变（IDLE 或 CONNECTED）；

⑦ UE 失去通信；

⑧ UE 可达性状态及要激活的可选会话列表；

⑨ UE 通过 NAS 服务关闭 SMS 的指示；

⑩ 3GPP 接入类型的事件触发器。 、

Namf_MT 服务，确保 UE 可以发送 MT 信令或数据。此 NF 服务的主要功能如下：

① 如果 UE 处于 IDLE 状态则寻呼 UE，并且在 UE 进入 CM-CONNECTED 状态之后响应其他 NF；

② 如果 UE 处于 CONNECTED 状态，则响应请求者 NF。

4）Nsmf

Nsmf 提供的 NF 业务见表 3-5。

表 3-5　Nsmf 提供的 NF 业务

NF 服务	服务操作	操作语义	客户端示例
Nsmf_EventExposure	Subscribe	Subscribe/Notify	PCF、NEF、AMF
	Unsubscribe		PCF、NEF、AMF
	Notify		PCF、NEF、AMF

Nsmf_EventExposure 服务向消费者 NF 提供与 PDU 会话相关的事件。此服务公开的服务操作允许其他 NF 订阅并获得 PDU 会话上发生的事件通知。此 NF 服务的主要功能如下：

① 允许消费者 NF 订阅和取消订阅 PDU 会话上的事件；

② 将 PDU 会话上的事件通知给订阅的 NF。

5）Nnrf

Nnrf 提供的 NF 业务见表 3-6。

表 3-6　Nnrf 提供的 NF 业务

NF 服务	服务操作	操作语义	客户端示例
Nnrf_NFManagement	NFRegister	Request/Response	AMF、SMF、UDM、AUSF、NEF、PCF、SMSF、NSSF
	NFUpdate	Request/Response	AMF、SMF、UDM、AUSF、NEF、PCF、SMSF、NSSF
	NFDeregister	Request/Response	AMF、SMF、UDM、AUSF、NEF、PCF、SMSF、NSSF
	NFStatusSubscribe		AMF、SMF、PCF、NEF、NSSF、SMSF、AUSF
	NFStatusNotify	Subscribe/Notify	AMF、SMF、PCF、NEF、NSSF、SMSF、AUSF
	NFStatusUnSubscribe		AMF、SMF、PCF、NEF、NSSF、SMSF、AUSF
Nnrf_NFDiscovery	Request	Request/Response	AMF、SMF、PCF、NEF、NSSF、SMSF、AUSF

① Nnrf_NFManagement 服务通过向 NRF 提供消费者 NF 的 NF 配置文件，在 NRF 中注册消费者 NF，并且 NRF 标记消费者 NF 可用。

② Nnrf_NFDiscovery 服务使一个 NF 能够发现具有特定 NF 服务或目标 NF 类型的一组 NF 实例。该服务还能促进 NF 服务能够发现特定的 NF 服务。

3.3.7　5GC 能力开放的关键技术及业务流程

本节基于 5GC 能力开放关键技术和业务流程重点介绍 AF 影响路由选择、事件监控、背景数据传输、QoS 流量加速。

（1）AF 影响路由选择

1）概述

AF 影响路由选择能力允许第三方应用的 AF 发送请求以影响 SMF 对 PDU 的用户面数据的路由决策。AF 请求可影响 UPF 的选择或重选，并允许将用户数据路由至一个数据网络的一个本地接入（由一个 DNAI 标识）。AF 也可能在请求中提供对 SMF 事件通知的订阅要求。

5G 移动通信网应支持向 AF 开放如下影响路由选择的能力：

① 应支持对单个 UE 地址的 AF 影响路由选择请求，包括创建、修改和删除请求；

② 应支持对由非 UE 地址标识（由 GPSI 代表的单个 UE，或通过内部组标识代表的一组 UE，或任何接入 DNN、S-NSSAI 和 DNAI 的 UE）的会话的 AF 影响路由选择请求，包括创建、修改和删除请求；

③ 应支持 AF 在请求中订阅用户面管理事件通知；

④ 应支持 AF 查询已有的 AF 请求。

具体用例如下。

① 目标为单个 UE（由一个 UE 地址标识）的 AF 请求。AF 或 NEF 通过查询 BSF 发送这类请求到单个 PCF。

② 目标为一组 UE，或者是访问某 DNN 和 S-NSSAI 的任意 UE，或者是由一个 GPSI 标识的单个 UE 的 AF 请求。这类请求也可能会影响已经建立 PDU 会话的

UE。对于这类请求，AF 与 NEF 相联系，NEF 将 AF 请求信息存储到 UDR。如果 PCF 根据相应的 UDRDataKeys/DataSub-Keys 订阅了 AF 请求信息的事件通知，PCF 会收到相应的通知。

如果 AF 通过 NEF 和 PCF 交互，根据需要，NEF 将执行以下映射。

① 根据本地配置，将 AF-Service-Identifier 映射为 DNN 和 S-NSSAI。

② 根据本地配置，将 AF-Service-Identifier 映射为 DNAI 和路由标识的列表。

仅当应用使用的 DNAI 是静态定义时，NEF 可以执行这样的映射。当 DNAI 对应的应用是动态实例化时，AF 应该在请求中同时提供目标 DNAI、路由标识或者 N6 数据路由信息。

③ 根据从 UDM 收到的信息，NEF 映射目标 UE 标识中的 GPSI 到 SUPI。

④ 根据从 UDM 收到的信息，NEF 映射目标 UE 标识中的外部组标识到内部组标识。

⑤ 根据本地配置，NEF 将空间有效性条件中的地理区域标识映射为有效性区域。

2）处理 AF 请求以影响未由 UE 地址标识的会话的路由选择流程

处理 AF 请求以影响未由 UE 地址标识的会话的路由选择流程如图 3-9 所示。

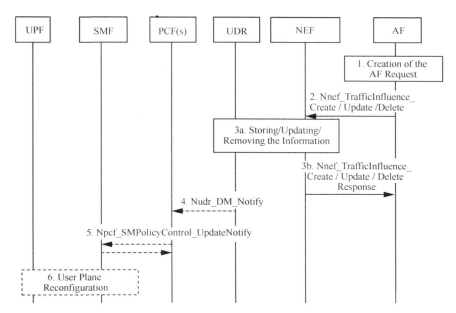

图 3-9　处理 AF 请求以影响未由 UE 地址标识的会话的路由选择流程

① 为创建一个新的请求，AF 会调用 Nnef_TrafficInfluence_Create 服务操作。该请求包括一个 AF 事务标识。如果 AF 要求签约 PDU 会话相关事件通知，AF 也包含它接收相应的事件通知的地址。

为修改或删除一个已有的请求，AF 会调用 Nnef_TrafficInfluence_Update 或 Nnef_TrafficInfluence_Delete 服务操作，同时提供对应的 AF 事务标识。

② AF 发送请求到 NEF。如果请求是由 AF 直接发送给 PCF 的，AF 根据配置或者调用 Nbsf_Management_Discovery 服务选择服务于当前 PDU 会话的 PCF。

NEF 应进行必要的认证和授权，包括对 AF 请求的流量控制，并将 AF 提供的信息映射为 5GC 需要的信息。

③ 如果是 Nnef_TrafficInfluence_Create 或 Update，NEF 会把 AF 请求信息存储到 UDR。

如果是 Nnef_TrafficInfluence_Delete，NEF 会从 UDR 中删除 AF 请求信息。NEF 向 AF 返回响应。

④ 已经向 UDR 签约了 AF 请求信息事件通知的 PCF 收到 UDR 的数据变化通知 Nudr_DM_Notify。

⑤ PCF 判断当前 PDU 会话是否可能被 AF 请求影响。对于每一个受影响的 PDU 会话，PCF 调用 Npcf_SMPolicyControl_UpdateNotify 服务操作向 SMF 更新相关的新 PCC 策略。

如果 AF 请求包含对用户面路径变化事件通知的签约，PCF 会在 PCC 规则中包含上报事件所需的信息，包括指向 NEF 或 AF 的事件通知目标地址，以及包含 AF 事务内部标识的事件关联标识。

⑥ 当从 PCF 收到 PCC 策略后，SMF 采取适当行动以重新配置 PDU 会话的用户面，例如：

- 在数据路径上添加、替换或删除一个 UPF 作为 UL-CL 或者 BP；
- 分配一个新的前缀给 UE（适用于 IPv6 Multi-homing）；
- 向目标 DNAI 中的 UPF 更新新的数据定向规则；
- 通过 Namf_EventExposure_Subscribe 服务操作，向 AMF 签约感兴趣区域的事件通知。

3）用户面管理事件的通知流程

用户面管理事件的通知流程如图 3-10 所示。

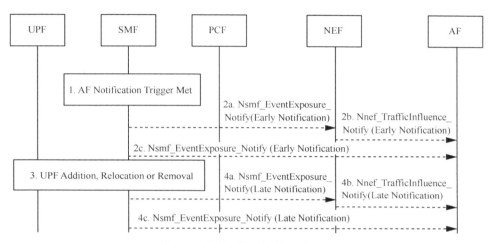

图 3-10　用户面管理事件的通知流程

由图 3-10 可知，SMF 可能发送事件通知给 AF（或经过 NEF），如果该 AF 签约了用户面管理事件通知，则：

① AF 签约请求中标识的一个 PDU 会话锚点已经被创建或者删除；

② 一个 DNAI 已经发生变化；

③ SMF 已经收到 AF 关于事件通知的请求，并且现有 PDU 会话满足通知 AF 的条件。

SMF 使用从 PCF 收到的事件通知地址发送事件通知经过 NEF 到 AF（2a、2b 和 4a、4b），或者直接发给 AF（2c 和 2c）。

以下为事件上报流程。

① 事件通知的条件已满足。SMF 发送事件通知给已签约的 NF，事件通知如何进一步处理取决于接收通知的 NF，如步骤 2a 和步骤 2c 所示。

② 步骤 2a，如果 AF 经过 NEF 请求早通知，SMF 调用 Nsmf_EventExposure_Notify 服务操作通知 NEF 关于 PDU 会话的目标 DNAI。

步骤 2b，当 NEF 收到 Nsmf_EventExposure_Notify，NEF 执行信息映射（例如，将通知关联标识中的 AF 事务内部标识映射为 AF 事务标识，将 SUPI 映射为 GPSI

等），并触发相应的 Nnef_TrafficInfluence_Notify 消息。

步骤 2c，如果 AF 直接请求早通知，SMF 调用 Nsmf_EventExposure_Notify 服务操作通知 AF 关于 PDU 会话的目标 DNAI。

③ SMF 执行 DNAI 的修改，或一个 UPF 的加入、修改和去除。SMF 发送通知给签约了通知的 NF。事件通知如何进一步处理取决于接收通知的 NF，如步骤 4a 和步骤 4c 所示。

④ 步骤 4a，如果 AF 经过 NEF 请求晚通知，SMF 调用 Nsmf_EventExposure_Notify 服务操作通知 AF 关于已选择的 PDU 会话目标 DNAI。

步骤 4b，当 NEF 收到 Nsmf_EventExposure_Notify，NEF 执行信息映射（例如，将通知关联标识中的 AF 事务内部标识映射为 AF 事务标识，将 SUPI 映射为 GPSI 等），并触发相应的 Nnef_TrafficInfluence_Notify 消息。

步骤 4c，如果 AF 直接请求晚通知，SMF 调用 Nsmf_EventExposure_Notify 服务操作通知 AF 关于已选择的 PDU 会话目标 DNAI。

4）传递针对单个 UE 地址的 AF 请求到相关 PCF 的流程

传递针对单个 UE 地址的 AF 请求到相关 PCF 的流程如图 3-11 所示。

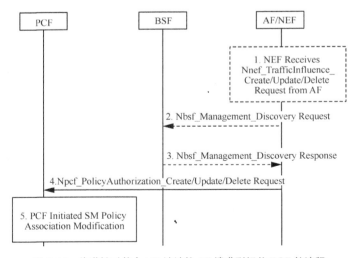

图 3-11　传递针对单个 UE 地址的 AF 请求到相关 PCF 的流程

根据 AF 的部署，AF 可能直接发送请求给 PCF（则跳过步骤 1），或者经过

NEF 发送请求给 PCF。

① 如果 AF 经过 NEF 发送请求，AF 发送针对单个 UE 地址的 Nnef_ TrafficInfluenceCreate/Update/Delete 请求给 NEF。该请求对应一个影响单个 UE 地址数据路由的 AF 请求。

当 NEF 收到 AF 发送的请求时，NEF 须确保必须的授权控制，以及将 AF 提供的信息映射为 5GC 需要的信息。

② 如果 NEF 不知道 PCF 的地址，AF／NEF 使用 Nbsf_Management_Discovery 服务操作（至少提供 UE 地址）发现相应 PCF 的地址。如果 NEF 知道 PCF 的地址则跳过步骤 2。

③ BSF 在 Nbsf_Management_Discovery 响应中提供 PCF 地址给 AF/NEF。

④ 如果步骤 1 已执行，NEF 调用 Npcf_PolicyAuthorization 服务将 AF 请求的信息发送给 PCF。如果 AF 直接发送请求给 PCF，AF 调用 Npcf_PolicyAuthorization 服务，PCF 向 AF 发起响应。

⑤ PCF 发起会话管理策略修改过程，PCF 向 SMF 更新相关的新的 PCC 策略。当 PCF 收到 PCC 策略，SMF 可能执行相应动作，以重新配置 PDU 会话的用户面，例如：

- 在数据路径上添加、替换、去除 UPF，以实现 UL-CL、BP 和/或 PDU 会话锚点；
- 为 UE 分配新的地址前缀（适用于 IPv6 multi-homing）；
- 向 UPF 更新目标 DNAI 相关的新数据定向规则。

通过 Namf_EventExposure_Subscribe 服务操作向 AMF 签约感兴趣区域的事件通知。

（2）事件监控

1）概述

监控事件旨在监控 3GPP 系统中的特定事件，并通过 NEF 报告此类监控事件信息，包括允许 5GS 中的 NF 用于配置特定事件、事件检测和向被请求方报告事件的方式。

为了支持漫游场景中的监控功能，需要在 HPLMN 和 VPLMN 之间达成漫游协议。监控所需的一组能力应通过 NEF 提供给 5GS 中的 NF。通过 UDM 和 AMF 监控事件使 NEF 能够在 UDM 或 AMF 上配置给定的监控事件，并通过 UDM 或 AMF 报告事件。根据特定的监控事件或信息，AMF 或 UDM 获得监控事件或信息，并通过 NEF 进行报告。

监控能力事件见表 3-7。

表 3-7　监控能力事件列表

事件	描述	检测事件的 NF
连接丢失	网络检测到 UE 不再可信令通信或用户平面通信可达	AMF
UE 可达性	指示 UE 何时变得可用于向 UE 发送 SMS 或下行链路数据，当 UE 转换到 CM-CONNECTED 状态或 UE 何时变得可用于寻呼，例如，定期注册更新计时器	AMF UDM: SMS 的可达性
位置上报	指示 UE 的当前位置或最后所知位置。当前位置支持一次性和连续位置报告。对于持续位置报告，服务节点在每次发现位置变化时都会发送通知，其粒度取决于接受的位置准确性。对于一次性报告，仅支持最后所知位置的上报	AMF
SUPI-PEI 关联的变化	指示使用用户永久标识（Subscription Permanent Identifier，SUPI）的永久设备标识（Permanent Equipment Identifier，PEI）的更改	UDM
漫游状态	指示 UE 的当前漫游状态，以及该状态更改时的通知	UDM
通信失败	由 RAN 释放代码标识	AMF
下行链路数据通知失败后的可用性	指示在 UE 变为可达时已经发生了数据传输失败	AMF
地理区域中存在的 UE 数	指示 AF 描述的地理区域中的 UE 数。AF 可能要求系统通过正常操作获知 UE 在区域内（最后已知位置），或者 AF 可能要求系统也主动查找区域内的 UE（当前位置）	AMF

2）AMF 服务信息流流程

NF 使用该过程订阅通知并显示取消以前的订阅。如图 3-12 所示，取消订阅是通过发送 Namf_EventExposure_UnSubscribe 请求来完成的，该请求标识订阅关联 ID。通知步骤 3 和步骤 4 不适用于取消情况。

① NEF 在 Namf_EventExposure_Subscribe 请求中发送订阅 AMF 中的（一组）事件 ID 的请求。NEF 可以是接收事件通知报告的相同 NF 订阅（事件接收 NF）或是不同的 NF 订阅。NEF 订阅一个或多个事件（由事件 ID 标识），并提供事件接收

NF 的关联通知端点。由于 NEF 本身不是事件接收 NF，NEF 应在事件接收 NF 的通知端点之外提供自身的通知端点。每个通知终结点都与相关的（一组）事件 ID 相关联，这是为了确保 NEF 可以收到与订阅更改相关的事件的通知（例如订阅关联 ID 更改）。

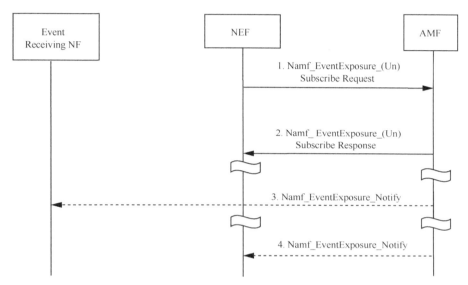

图 3-12　Namf_EventExposure_Subscribe、UnSubscribe 和 Notify 操作

事件报告信息定义了请求的报告类型。如果报告事件订阅由 AMF 授权，则 AMF 记录事件触发器和请求者身份标识的关联。

② AMF 确认 Namf_EventExposure_Subscribe 的执行。

③（条件执行——取决于事件）AMF 检测到所监控的事件发生，并通过 Namf_EventExposure_Notify 消息将事件报告发送到事件接收 NF 的通知端点。

④（条件执行——取决于事件）AMF 检测到所监控的事件发生，以及检测到与订阅更改相关的事件发生，例如，因为 AMF 重新分配导致订阅关联 ID 更改，所以通过 Namf_EventExposure_Notify 消息将事件报告发送到 NEF。

3）UDM 服务信息流的工作流程

如图 3-13 所示，UDM 服务信息流的工作流程如下。

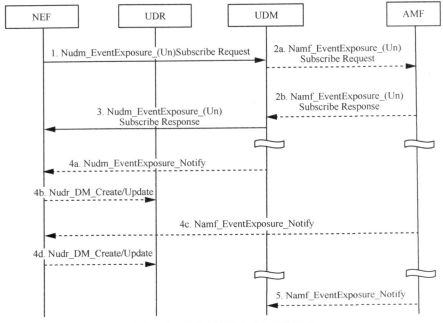

图 3-13　UDM 服务信息流的工作流程

① NEF 通过发送 Nudm_EventExposure_Subscribe 请求订阅一个或多个监控事件。NEF 订阅一个或多个事件（由事件 ID 标识），并提供 NEF 的关联通知端点。

事件报告信息定义了请求的报告类型。如果报告事件订阅被 UDM 授权，则 UDM 记录事件触发和请求者身份标识的关联。

订阅的内容可能包括报告的最大数量和/或报告 IE 的最大持续时间。

② 步骤 2a，（条件执行）某些事件（例如连接丢失）要求 UDM 向服务于 UE 的 AMF 发送 Namf_EventExposure_Subscribe 请求。UDM 本身不是事件接收 NF，因此 UDM 除了提供 NEF 的通知端点，还应提供自己的通知端点。每个通知终结点都与相关的（一组）事件 ID 相关联。这是为了确保 UDM 可以收到订阅更改相关事件的通知。

UDM 向所有服务 AMF（如果订阅适用于 UE 或一组 UE）或与 UDM 相同 PLMN 中的所有 AMF（如果订阅适用于任何 UE）发送 Namf_EventExposure_ Subscribe 请求。

如果订阅适用于一组 UE，则 UDM 应包含自己的相同通知端点，即通知目标地址（+通知关联 ID），订阅所有 UE 的服务 AMF。

步骤 2b，（条件执行）AMF 确认 Namf_EventExposure_Subscribe 的执行。

③ UDM 确认 Nudm_EventExposure_Subscribe 的执行。

如果订阅适用于一组 UE，并且步骤 1 中的事件报告信息中包含最大报告数，则确认中包含该组中的 UE 数。

④ 步骤 4a～步骤 4b，（条件执行——取决于事件）UDM 检测到监控事件的发生，并通过 Nudm_EventExposure_Notify 消息将事件报告连同时间标记一起发送到 NEF 的关联通知端点。NEF 可酌情使用 Nudr_DM_Create/Update 服务操作将信息与时间戳一起存储在 UDR 中。

步骤 4c～步骤 4d，（条件执行——取决于事件）AMF 检测发生的受监控事件，并通过 Namf_EventExposure_Notify 消息将事件报告连同时间标记一起发送到 NEF 的关联通知端点。NEF 可酌情使用 Nudr_DM_Create/Update 服务操作将信息与时间戳一起存储在 UDR 中。

如果 AMF 为 UE 存储了最大数量的报告，AMF 应将报告事件的数值减 1。

对于步骤 4a 和步骤 4c，当达到单个组成员 UE 的最大报告数时，NEF 使用步骤 3 中接收的 UE 数确定该组的报告是否完成。如果 NEF 确定该组的报告已完成，则 NEF 将监控事件取消订阅 UDM，而 UDM 将监控事件取消订阅为属于该组的 UE 提供服务的所有 AMF。

对于步骤 4a 和步骤 4c，当达到报告的最大数量并且如果将订阅应用于 UE 时，NEF 将监控事件取消订阅到 UDM，并且 UDM 将监控事件取消订阅为该 UE 服务的 AMF。

当 NEF、UDM 和 AMF 中的最长报告持续时间到期时，这些节点将在本地取消订阅监控事件。

⑤（条件执行——取决于事件）AMF 检测到与订阅相关的更改事件发生，例如，由于 AMF 重新分配或注册了新的组 UE，然后添加新的订阅关联 ID 而导致订阅关联 ID 更改，它通过 Namf_EventExposure_Notify 消息将事件报告发送到 UDM 的关联通知端点。

4）NEF 服务信息流的流程

如图 3-14 所示，NEF 服务信息流的流程如下。

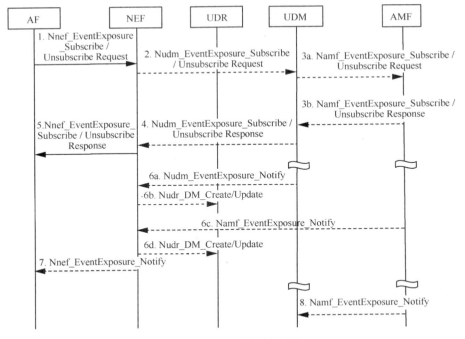

图 3-14　NEF 服务流的流程

① AF 订阅一个或多个事件（由事件 ID 标识），并通过发送 Nnef_EventExposure_Subscribe 请求提供 AF 的关联通知端点。

事件报告信息定义了请求的报告类型（例如一次性报告、周期报告或基于事件的报告）用于监控事件。如果报告事件订阅由 NEF 授权，则 NEF 记录事件触发和请求者身份标识的关联。订阅还可以包括报告的最大数量和/或报告 IE 的最大持续时间。

②（条件执行——取决于步骤 1 的授权）NEF 订阅接收的事件（由事件 ID 标识），并通过发送 Nudm_EventExposure_Subscribe 请求向 UDM 提供 NEF 的关联通知端点。

如果报告事件订阅被 UDM 授权，则 UDM 记录事件触发和请求者身份标识的关联；否则，UDM 执行步骤 4 指示失败。

③ 步骤 3a，（条件执行）如果请求的事件（例如监控连接丢失）需要 AMF 协助，然后 UDM 将 Namf_EventExposure_Subscribe 发送到为请求的用户提供服务的 AMF。UDM 向所有服务 AMF（如果订阅适用于单个 UE 或一组 UE）或与 UDM

相同 PLMN 中的所有 AMF（如果订阅适用于任何 UE）发送 Namf_EventExposure_Subscribe 请求。

UDM 本身不是事件接收 NF，因此 UDM 除了提供 NEF 的通知端点，还应提供自己的通知端点。每个通知端点都与相关的（一组）事件 ID 相关联，这是为了确保 UDM 可以收到订阅更改相关事件的通知。

如果订阅适用于一组 UE，则 UDM 应包含自己的相同通知端点（通知目标地址），订阅所有 UE 的服务 AMF。

注：UDM 的相同通知端点是帮助 AMF 在有新的组成员 UE 注册时识别对请求的组事件的订阅是否相同。

步骤 3b，（条件地）AMF 确认 Namf_EventExposure_Subscribe 的执行。

④（条件地）UDM 确认 Nudm_EventExposure_Subscribe 的执行。

如果订阅适用于一组 UE，并且在步骤 1 的事件报告信息中包含最大报告数，则确认中包含 UE 数。

⑤ NEF 向发起请求的请求者确认 Nnef_EventExposure_Subscribe 的执行。

⑥ 步骤 6a～步骤 6b，（条件执行——取决于事件）UDM（取决于事件）检测事件的发生，并通过 Nudm_EventExposure_Notify 消息将事件报告连同时间戳一起发送到 NEF 的关联通知端点。NEF 可酌情使用 Nudr_DM_Create/Update 服务操作将信息与时间戳一起存储在 UDR 中。

步骤 6c～步骤 6d，（条件执行——取决于事件）AMF 通过 Namf_EventExposure_Notify 消息及时间戳检测事件并将事件报告发送到 NEF 的关联通知端点。NEF 可酌情使用 Nudr_DM_Create/Update 服务操作将信息与时间戳一起存储在 UDR 中。

如果 AMF 为 UE 或单个 UE 存储了报告的最大数量，则 AMF 应将报告事件的数值减 1。

对于步骤 6a 和步骤 6b，当达到报告的最大数量并且如果将订阅应用于 UE 时，NEF 可取消订阅 UDM 的监控事件，并且 UDM 取消订阅为该 UE 服务的 AMF 的监控事件。

对于步骤 6a 和步骤 6b，当达到单个 UE 的最大报告数时，NEF 使用步骤 4 中接收的 UE 数确定该组的报告是否完成。如果 NEF 确定该组的报告已完成，则 NEF

将监控事件取消订阅 UDM，而 UDM 将监控事件取消订阅为属于该组的 UE 提供服务的所有 AMF。

当 NEF、UDM 和 AMF 中的最长报告持续时间到期时，这些节点将在本地取消订阅监控事件。

⑦（条件执行——取决于步骤 6a 和步骤 6b 中的事件）NEF 将 Nudm_EventExposureNotify 或 Namf_EventExposure_Notify 接收的报告事件转发到 AF。

⑧（条件执行——取决于事件）AMF 检测到发生与订阅更改相关的事件，例如，由于 AMF 重新分配或注册了新的组 UE，然后添加新的订阅关联 ID 而导致订阅关联 ID 更改，它通过 Namf_EventExposure_Notify 消息将事件报告发送到 UDM 的关联通知端点。

5）批量订阅开放流程

基于运营商配置，NEF 可以使用提供必要服务的 NF 执行批量订阅。此功能由 NEF 的本地策略控制，包括该策略控制哪些事件（事件 ID 集）和 UE 是批量订阅的目标。

当 NEF 执行批量订阅时（为任何 UE，即所有 UE），一组 UE（例如，识别诸如物联网 UE 的特定类型的 UE）向在给定 PLMN 中的所有 NF 订阅这些 NF 提供的必要服务（比如在一个给定的 PLMN 中，NEF 可以订阅所有支持物联网 UE 可达性通知的 AMF）。从 NEF 收到批量订阅后，NF 存储此信息。每当批量订阅请求中请求的 UE 发生相应事件时，NF 会通知 NEF，并提供请求的信息。

图 3-15 的呼叫流程显示了网络如何开放单个 UE、多个 UE 组（例如，识别诸如物联网 UE 之类的特定类型的 UE）或任何 UE 的相关信息。

① NEF 向网络存储功能（Network Repository Function，NRF）注册任何新注册的 NF 及 NF 服务。

② 当 NF 实例化时，它将本身与自己支持的 NF 服务一起注册到 NRF。

③ NRF 确认注册。

④ NRF 向 NEF 通知新注册的 NF 及支持的 NF 服务。

⑤ NEF 根据 NEF 内的预配置事件评估支持的 NF 和 NF 服务。在此基础上，NEF 为单个 UE、一组 UE（识别诸如物联网 UE 之类的特定类型的 UE）或任何 UE 订阅 NF 相应的服务。

⑥～⑦　当发生事件触发时，NF 向订阅 NEF 通知请求的信息及时间戳。NEF 可酌情使用 Nudr_DM_Create/Update 服务操作将信息与时间戳一起存储在 UDR 中。

⑧　对于由事件过滤器标识的特定事件，应用程序向 NEF 注册。如果事件的注册由 NEF 授权，NEF 将记录关联的事件和请求者身份标识。

⑨～⑩　当发生事件触发时，NF 向订阅 NEF 发送所请求的信息。NEF 可酌情使用 Nudr_DM_Create/Update 服务操作将信息存储在 UDR 中。

⑪　步骤 11a～步骤 11b，NEF 使用 Nudr_DM_Query 从 UDR 读取，并通知应用程序及相应订阅事件的时间戳。

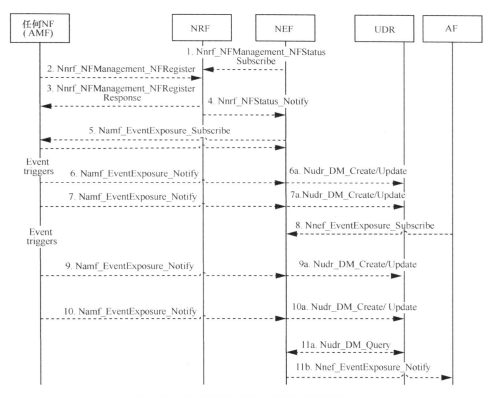

图 3-15　NF 注册/状态通知和批量订阅开放能力

（3）背景数据传输

1）概述

5G 移动通信网应支持第三方应用对未来背景类数据传输策略的协商。

传输策略包括背景数据传输希望的时间窗口、该时间窗口内数据费率的引用、UE 的数量、每个 UE 的数据量、最大聚合码率和位置信息等。

最大聚合码率并不由网络确保实施。运营商可能通过离线 CDR 处理（例如，通过合并在该时间窗口内 UE 传输的数据量）来确定第三方应用所涉及 UE 的最大聚合码率是否超标，并对超出的数据以不同费率计费。

5G 移动通信网应支持向第三方应用的 AF 开放如下未来背景数据传输协商能力。

① AF 对未来背景数据传输协商的请求，包括创建、修改（包括从 PCF 返回的多个传输策略中选择一个）和删除请求。

② AF 对已有未来背景数据传输协商请求的查询。

2）背景数据传输

如图 3-16 所示，背景数据传输的流程如下。

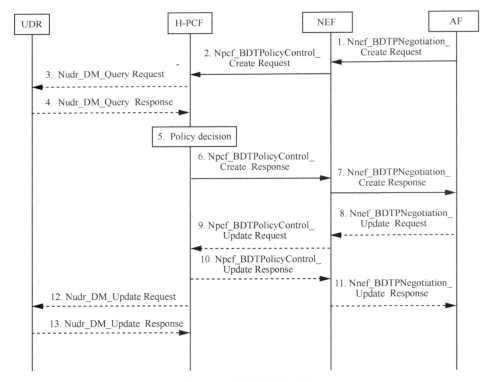

图 3-16　背景数据传输流程

① AF 发起 Nnef_BDTPNegotiation_Create 服务。

② 基于 AF 的请求，NEF 与 H-PCF 发起 Npcf_BDTPolicyControl_Create 服务，以授权关于背景数据传输的策略创建。

③ H-PCF 可以使用 Nudr_DM_Query（Policy Data, Background Data Transfer）服务操作为全部的 ASPs 从 UDR 中请求保存的传输策略。

④ UDR 向 H-PCF 提供全部保存的传输策略与相应的网络区域信息。

⑤ 基于 AF 提供的信息与其他可获取的传输策略信息与 H-PCF 决策。

⑥ H-PCF 向 NEF 发送确认的信息，并且包括可接受的传输策略与背景数据传输参考标识。

⑦ NEF 向 AF 发送 Nnef_BDTPNegotiation_Create 响应，以便于向 AF 提供一个或者多个背景数据传输策略与背景数据参考标识。AF 保存背景数据传输参考标识以便于将来与 PCF 交互。如果 NEF 仅从 NEF 接收背景数据传输策略，则不执行步骤 8～步骤 11，执行相应的步骤到步骤 12，否则，执行步骤到步骤 8。

⑧ AF 发起 Nnef_BDTPNegotiation_Update 服务，以便于提供 NEF 背景数据传输参考标识与选择的背景数据传输策略。

⑨ NEF 发起 Npcf_BDTPolicyControl_Update 服务，以便于向 H-PCF 提供选择的背景数据传输策略与相应的背景数据传输标识。

⑩ H-PCF 向 NEF 发送确认消息。

⑪ NEF 向 AF 发送确认消息。

⑫ H-PCF 通过调用 Nudr_DM_Update（BDT Reference ID Policy Data, Background Data Transfer、Updated Data）保存背景数据传输参考标识和新的传输策略与相应的网络区域信息。当 PCF 决定本地保存传输策略时，不执行步骤 12。

⑬ UDR 向 H-PCF 发送响应，表示确认消息。

（4）QoS 流量加速

1）概述

5G 移动通信网应能够使第三方应用提供者向其服务的终端用户请求建立特定 QoS（比如低时延或者低抖动）要求的数据包会话及优先处理。

5G 移动通信网应支持向第三方应用的 AF 开放如下会话 QoS 及优先级管理能力：

① 对会话 QoS 及优先级管理的创建（包括签约传输资源状态事件通知）、修改和删除请求；

② 对已有会话 QoS 及优先级管理请求的查询；

③ 向 AF 上报签约的相关事件通知。

5G 移动通信网应支持面向 AF 开放的申请 QoS 资源的能力、修改 QoS 资源的能力和删除 QoS 资源的能力：

① 应支持申请 QoS 资源的能力。该能力用于申请某个特定业务的 QoS，具体的参数包括业务 ID、带宽等级、时长、业务流五元组等。

② 应支持修改 QoS 资源的能力。该能力用于修改某个特定业务的 QoS，可以增加、删除业务数据流，修改业务数据流的带宽、目的 IP、时长等。

③ 应支持删除 QoS 资源的能力。该能力用于为某个特定业务删除所申请的 QoS 资源，无线网络将恢复该业务的默认 QoS 策略。

2）QoS 流量加速

QoS 流量加速的流程如图 3-17 所示。

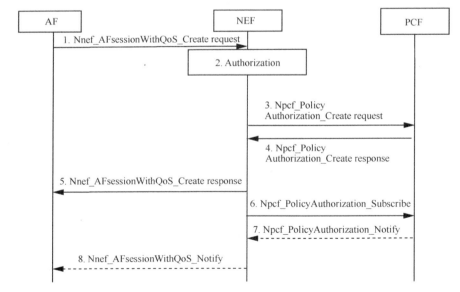

图 3-17　QoS 流量加速流程

① 将 AF 与 UE 之间的连接设置为服务所需的 QoS 时，AF 向 NEF 发送 Nnef_AFsessionWithQoS_Create 请求消息（UE 地址、AF 标识符、应用流描述、QoS 参考）。可选地，请求的 QoS 的时间段或流量可以包括在 AF 请求中。NEF 将参考 ID 分配给 Nnef_AFsessionWithQoS_Create 请求。

② NEF 授权 AF 请求，并可以将策略应用于为预定义的 AF 授权的 QoS 的总量。如果授予未批准，则跳过步骤 3 和步骤 4，NEF 将向 AF 回复结果值，表示授权失败。

③ NEF 通过触发 Npcf_PolicyAuthorization_Create 请求与 PCF 交互，并提供 UE 地址、AF 标识符、应用流说明和 QoS 参考包括（可选地）映射到赞助数据连接信息（TS23.203 中所述）的接收时间段或流量。

PCF 根据 NEF 提供的信息导出所需的 QoS，并确定是否允许此 QoS（根据此 AF 的 PCF 配置），并将结果通知给 NEF。

PCF 通知 NEF 是否建立了与 QoS 请求对应的传输资源。

④ PCF 确定是否允许请求，如果请求未经授权，则通知 NEF；如果请求未被授权，则 NEF 在步骤 5 中以结果值响应 AF，该结果值表示授权失败。

⑤ NEF 向 AF 发送 Nnef_AFsessionWithQoS_Create 响应消息（交易参考 ID、结果），结果表示请求是否被批准。

⑥ NEF 应向 PCF 发送 Npcf_PolicyAuthorization_Subscribe 消息，以订阅资源分配状态通知，并可订阅 TS 23.503 中所述的其他事件。

⑦ 当满足事件条件时，PCF 向 NEF 发送 Npcf_PolicyAuthorization_Notify 消息，通知有关事件的消息。

⑧ NEF 向 AF 发送 Nnef_AFsessionWithQoS_Notify 消息，其中包含 PCF 报告的事件。

3.3.8　5GC 能力开放的典型应用方案

（1）5G QoS 网络能力应用

5GC 能力开放方案针对特定客户、垂直行业（政企、医疗、金融、证券等）和特定应用（直播、游戏等），为运营商提供基于 5G QoS 的差异化网络资源（时延、带宽）

调度服务的业务和产品。第三方可根据需求调用移动运营商的 5G QoS 保障能力，面向行业、企业特定应用或客户提供基于 5G 网络的流量加速服务，流量加速服务适用于云游戏、视频会议、手机直播等场景，让用户达到优质的业务体验，如图 3-18 所示。

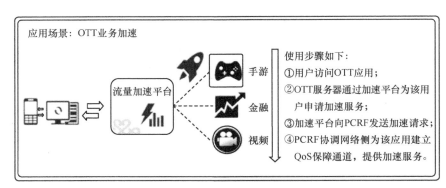

图 3-18　5G QoS 能力应用

（2）5G 背景流量能力应用

5G 背景流量应用可让运营商在特定区域内为其移动用户提供推送背景流量业务，如智能手机的软件升级服务或者音乐、视频的推送，运营商可在多个时间窗（对应最大聚合比特率、费率）内发起背景流量传送。该方案尤其适用于车联网等海量数据传输的场景，如图 3-19 所示。

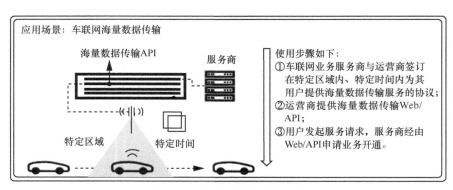

图 3-19　5G 背景流量能力应用

（3）5G 位置能力应用

将网络中的终端位置信息等以 Web 或 API 的方式开放给客户，终端位置信息可用于实时监控、精准定位、智能跟踪、用户使用行为分析、故障预警和定位等。

① 智能可穿戴设备定位：运营商提供的可穿戴终端实时位置信息，可对可穿戴终端的位置进行实时精确定位，并结合通话、报警等功能，从而降低可穿戴设备佩戴者（如老人、儿童、宠物等）的安全隐患，如图 3-20 所示。

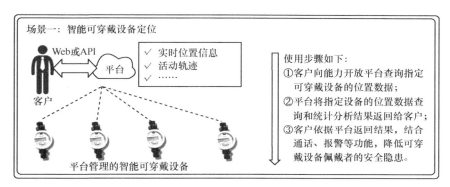

图 3-20　智能可穿戴设备定位

② 智能物流跟踪：运营商提供的物流实时位置信息，能够对物流进行实时监控及定位，并将信息记录及上传，从而实现实时跟踪、物流行驶轨迹查询，如图 3-21 所示。

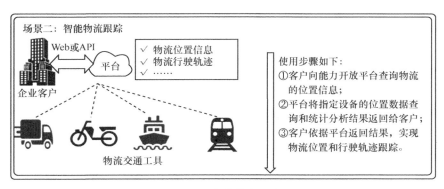

图 3-21　智能物流跟踪

（4）5G 流量引导（AF 影响路由）能力应用

第三方应用可根据需求调用流量引导能力，该能力与 MEC/边缘网络协同，提供数据业务的流量路径自主选择能力，面向行业、企业特定应用或中小型企业客户，适用于 VR/AR 游戏交互、视频直播、车联网、数字化场馆等场景，提供优质低时延的业务体验，如图 3-22 所示。

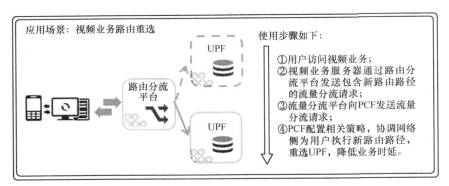

图 3-22　5G 流量引导（AF 影响路由）能力应用

| 3.4　5G 语音能力开放 |

3.4.1　概述

随着移动互联网的快速发展与普及，互联网通信服务增长迅速，用户的通信习惯已逐渐改变；而随着物联网终端和可穿戴设备等新型智能终端的不断出现，传统语音等通信业务已不能满足用户需求，且价值明显下降。运营商的 ToC 市场已趋于饱和，亟须寻找新的业务和收入发展空间，而互联网企业及政企行业确实存在对运营商的能力需求。基于号码的语音通话作为最基础的通信能力和用户基础通信需求，是电信网络能力开放的重要组成部分。因此，运营商需要根据当前企业通信需求和人工智能等新技术发展趋势，提供一种符合网络演进趋势的、更灵活、更智能的语音业务解决方案，以满足不同用户的多样化语音需求，进而探索电信网络语音能力的新空间与价值。

语音能力开放将智能化终端、运营商定制化网络资源、移动互联网、物联网等全新整合，为用户带来云化的、灵活的、可定义的智能语音视频服务，围绕运营商语音、号码、互通等基础能力，挖掘电信网络语音能力价值，将语音通话、点击拨号、呼叫中心、号码变换等通信资源封装成接口或开发包，以软件开发工具包（Software Development Kit，SDK）和应用程序接口（Application Programming Interface，API）等方式通过互联网对外开放。同时，语音能力开放支持在线调试、快速开通，能够部署、编排和开放合作伙伴的能力，为目标用户提供快捷、精准的服务，使政企客户、互联网企业、大众开发者等目标客户能够方便、灵活地调用运营商智能语音能力，生产出更丰富多样化的语音衍生类产品。

3.4.2　5G 语音能力开放的需求场景

语音能力开放平台建立在通信网络之上，将语音通话、视频通话、多媒体会议、点击拨号、呼叫中心、消息通知等通信资源封装成接口或开发包，以 SDK 和 API 等方式通过互联网对外开放。

5G 语音能力开放的需求场景包含但不限于以下内容。

（1）场景 1：无线网络弱覆盖

用户在无线信号较弱的地方，通过行动热点（Wireless-Fidelity，Wi-Fi）连接互联网后直接接入 IP 多媒体系统（IP Multimedia Subsystem，IMS）网络，实现弱覆盖场景下的通话。此场景可用于家庭、楼宇办公室等室内弱覆盖的情况，也可用于机载、船载、偏远山区等没有无线网络信号覆盖的地方。

（2）场景 2：总机号码显示

企业用户在办公场景下对于外呼客户需要显示固定总机号码，例如银行、保险等企业。

（3）场景 3：可穿戴设备通话

智能手表等可穿戴设备通过嵌入具备 IMS 通话能力的 SDK，可以实现与手机共号码的通话体验，智能音箱等设备通过嵌入具备 IMS 通话能力的 SDK，可以代替家庭固话，从而人们可以通过语音交互控制方便地接打电话，而智能家电等设备也可以通过嵌入具备 IMS 通话能力的 SDK，直接实现智能家电与客服中心通话的功能。

（4）场景 4：隐私保护

为保护专车、快递行业的客户隐私，避免个人信息泄露，可为企业分配专用虚拟号码，在订单生成时，将虚拟号码同客户和企业员工手机号码进行绑定，双方均通过拨打同一个虚拟号码的方式来实现沟通，在订单完成后，虚拟号码即可解绑，完美保障了双方的隐私。整个服务过程的语音通信、短信通信均在监管范围，确保出现纠纷后能够得到很好的解决，确保可追溯、可管理，从而进一步提升服务的安全性。此场景可用于二手车交易、专车服务、快递行业和外卖行业等。

（5）场景 5：虚拟号码

部分企业人员由于日常工作分散、人员流动性大，基于个人手机的通信方式很容易让客户和员工私下交易，无法对员工进行管理，造成金融保险行业诈骗等现象发生；同时，员工流动性大会使客户流失。为经纪人配备专属虚拟号码，在和客户沟通时使用虚拟号码。在员工离职后，虚拟号码自动转移至新员工手机上，确保客户不流失。此场景可用于房地产、证券、保险等行业。

（6）场景 6：语音会议

使用语音会议能力发起会议通话，用户只需接听电话即可参与会议，语音会议可支撑企业移动办公，提升企业工作效率，方便多人交流，参与者不需要额外的手机软件（Application，App），只需要接听电话即可参会，这种方法简单、方便且实用性强。

（7）场景 7：语音通知

传统的短信通知方式实时性差、查看率低，无法引起用户重视。短信通知推送方式受终端限制，实时性受限、到达率低，无法达到紧急通知的目的。将文字以电话拨打、语音播报的形式通知给用户，此通知方式及时有效。例如，在快递派送中，快递员只需对快递物品条码扫描，即可完成信息录入，批量拨打电话通知客户取件，轻轻松松就能一键搞定。特别是在用户密集的高峰时段，快递员使用语音通知业务，可一键向多个用户发起批量的快递送达通知，大大缩短了快递员的等待时间，提高了送件效率。此场景可用于服务通知、物流通知、系统通知等。

（8）场景 8：语音验证码

传统的短信验证码存在查看率低、容易被客户拉黑等问题，语音验证码支持将验证码信息通过电话拨打、语音播报的形式传达给用户，用户接通率高。此场景可广泛用于用户注册、异地登录、支付验证、身份校验等。

3.4.3　5G 语音能力介绍

语音能力开放基于电信网络基础通话业务，以号码映射和全球互通为优势，通过 SDK 和 API 等形式，提供面向政企行业和个人用户的多样化语音能力，兼容多元化的终端形态和多样化的接入网络类型，能够同时满足运营商语音 IP 化和面向企业行业的定制化语音及通话需求。5G 语音能力具体包括如下 4 类核心能力。

（1）通信服务能力

随着电信网络 IP 化，语音业务也将全部基于 IP 承载，以 IMS 通话为基础的运营商基础呼叫能力和补充业务能力，主要包括使用固网或移动网号码的一对一语音通话、视频通话、音视频通话切换、多方通话、呼叫保持、呼叫等待、呼叫前转、主叫号码显示、主叫号码显示限制等，以及面向企业的云通信、云呼叫中心等能力。以 SDK 形式开放给第三方企业。第三方企业智能终端和 App 客户端嵌入具备运营商 IMS 通话能力的 SDK 后，无论是在固网、Wi-Fi、还是在 3G/4G 蜂窝网的接入下，用户均可通过 SDK，使用移动网或固网号码，与全球任意手机和固话号码进行通话。

（2）增强呼叫能力

增强呼叫能力指在基本呼叫的基础上，提供增值业务的能力，主要包括录音、语音信箱、漏话提醒、定制化回铃音、名片推送、呼叫鉴权及智能语音交互等能力。

（3）号码变换能力

电话号码变换类业务重点解决号码隐私信息泄露、电话骚扰等问题，可方便企业客户随时开展业务，同时能够增加异网用户的触点，提升固网号码及移动手机"差号"利用率，能够实现号码的保护、映射和管理。号码变换能力主要包括一号多终端、中间号、隐私号及多屏互动等能力。目前国内运营商利用固网号码、移动手机号及增值接入号等，已陆续开展号码变换类相关业务。

号码变换主要围绕固定号码、移动号码及专用接入号码 3 个方面展开,伴随"互联网+"需求,运营商的"号码变换及呼叫能力"可以与互联网 App 结合,包装出新的业务场景及商业模式,给用户带来良好的业务体验,使互联网业务运营推广"更接地气",并能够在短时间内被用户所接受。

① 固定座机号码:各省公司向省通管局申请分配,并接收相应的管理。

② 移动手机号码:全国运营商统一申请号段,集团给各省分公司细化分配。

③ 专用增值接入号码:接入码(例如,95/10/116 开头的号码)作为增值服务,向工业和信息化部申请。

号码变换的分类见表 3-8。

表 3-8　号码变换的分类

序号	分类	格式	特点	典型代表
1	固定座机号码	固定话机号码	区域性、各省信息通信管理局管理	阿里钉钉、云总机等
2	移动手机号码	移动手机号码	移动性、全国漫游、运营商内部管理	滴滴出行、阿里小号等
3	专用增值接入号码	前缀+可变长字段	移动性、增值平台专用、工业和信息化部审批	天舟通信 95013、和多号等

号码变换类业务的主要应用场景,主要是基于隐私方面的考虑,在政府、企业、行业应用的过程中,需要保护企业的宝贵客户资源,保护客户的隐私,防止骚扰,同时也有利于监管和监控企业员工。

(4)数据分析能力

数据分析能力基于用户会话行为、会话体验、能力调用频率等数据进行分析和管理,提供相应报告及参考。

3.4.4　5G 语音能力开放架构

(1)5G 语音能力开放网络架构

5G 语音能力开放系统主要由语音能力平台、集中管理平台、信息化系统、基础网络等组成,语音能力开放网络架构如图 3-23 所示。

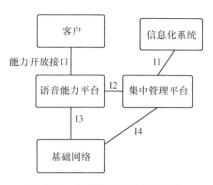

图 3-23　语音能力开放网络架构

（2）5G 语音能力开放分层架构

为了实现政企行业对电信网络语音能力和资源的即嵌即用、快速开通和按需编排，语音能力开放架构应具备云化、模块化和分层松耦合结构的特点。5G 语音能力开放分层架构采用三层松耦合架构，包括能力开放层、语音能力层和基础网络层，如图 3-24 所示。

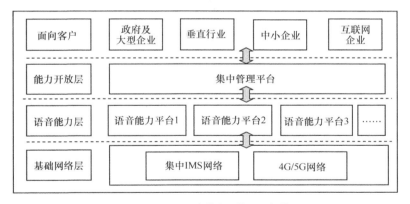

图 3-24　5G 语音能力开放分层架构

1）能力开放层

能力开放层可实现能力和服务的统一开放和运营，对能力进行编排管理，通过能力开放统一门户方式向第三方企业提供能力呈现、查询和订购等，与营账系统进行对接交互，并对第三方企业进行认证和管理。能力开放平台提供 API/SDK 集成方式，第三方服务端可以调用 API 使用语音能力平台提供的能力和服务。第三方应用客户端可以集成 SDK 使用能力开放平台提供的能力和服务。

① 能力开放层可完成语音能力的呈现，并按需引导第三方用户完成注册、登录、能力查询、了解和订购及使用。

② 能力开放层可完成各项语音能力的统一订购、受理、开通、批价、计费和管理等功能，与信息化系统对接，并处理信息化系统同步的业务订购指令，向信息化系统传递话单及账单。

2）语音能力层

① 语音能力层可实现各类语音业务功能逻辑和能力触发，包括基于 IMS 的智能终端通话能力、电话会议能力、号码保护能力、智能 AI 语音能力等。

② 语音能力层包含基于 IMS 的语音（Voice over IMS，VoIMS）、工作号、企业云通信、智能 AI 语音交互等多个语音能力平台，以及 SDK、终端和相关数据管理平台。

3）基础网络层

① 基础网络层是实现各类语音功能和网间互通的运营商基础网络资源，包括运营商 4G 核心网（Evolved Packet Core，EPC）、IMS 系统及未来 5G 核心网等。

② 基础网络层可以独立建设全国集中 IMS 系统，统计对接各类语音能力平台，也可以利用各省 IMS 网络对接各类语音能力平台。全国部署集中 IMS 用于专门承载语音能力开放相关的业务和会话，以实现语音能力开放业务与面向普通用户业务隔离。各省 IMS 需要与集中 IMS 路由互通，实现本省移动或固话号码的相关呼叫路由出局和入局。

3.4.5　5G 语音能力开放涉及的网元及功能

本节将介绍 5G 语音能力开放主要涉及的网元及主要功能。

（1）集中管理平台

语音能力开放集中管理平台可实现语音能力开放相关业务的业务受理、计费批价账务及后台管理。其具体功能如下。

① 业务受理：包含业务受理和开通两个部分。

- 业务受理是指从统一门户、政企系统或个人业务系统获取业务订购、变更及销户通知，并进行业务订购者、最终用户、业务类及业务属性、资费之间的关联处理，建立相应关联存储关系，并根据不同业务要求执行相应功能逻辑。

- 业务开通以号码标识并触发，执行相应号码向基础网络、相应语音能力平台的开通指令。当收到基础网络和相关的所有语音能力平台的全部开通成功响应或成功通知后，集中管理平台认为该业务开通成功。当上述任一环节开通失败，应进行重试，重试一定次数仍失败，则应支持开通失败处理流程。

② 计费账务：包括话单采集和计费处理两个部分。

- 话单采集包括对采集源数据进行检查、数据处理、数据传送、备份等，并根据校验信息进行话单文件校验，根据话单格式、过滤等规则进行话单分拣和预处理，包括话单格式转换、记录过滤、检错纠错、排重、拆分/合并和关联等，最终根据各个后续系统的需要输出各个系统要求的话单记录。

- 计费处理基于原始话单，依据计费资源、产品资费、用户资料信息等，实现个人客户、家庭客户和企业客户等跨地域、跨业务等的计费、批价等过程，形成账单并输出。计费处理包括根据业务要求，实现业务分析、批价处理、详单和错单管理、重批价、二次批价、合账及优惠等。

③ 后台管理：包括数据管理和号码管理两个部分。

- 数据管理：集中管理平台可应支持后台管理员登录并查看当前平台业务签约情况、操作情况及运行情况等数据统计。对于业务开通受理流程和部分数据，允许后台管理员进行手动干预和增删改操作。对于数据统计，应支持用户数据、业务数据和系统数据三方面的统计和分析，实现对客户、业务、号码等数据的分时、分类、分客户等多种方式的数据统计，并以多种图表方式显示。

- 号码管理：支持对语音能力开放业务号码资源的获取、管理、分配、状态维护、统一监管控制、统计分析等能力。

（2）语音能力平台

语音能力平台可实现面向第三方开放的基础语音、增值功能和人工智能语音能力，能力平台与智能终端配合实现能力开放，具体功能如下。

① 基础功能：实现以 API 形式触发语音能力平台使用企业号码向单一或多个

用户终端发起的呼叫，并支持用户终端回拨该企业号码。

② 增值功能：包括语音通知、语音验证码、物联网语音、多方通话、录音（录制、查询、下载）、IVR 语音导航、呼叫中心（排队、质检）等。

③ 人工智能（Artificial Intelligence，AI）语音：是一种面向金融、政务、教育等场景，结合基础语音通信能力，基于业界领先的 AI 语音识别、AI 语义理解算法，运用大数据、深度学习、知识图谱、数据可视化等相关技术，提供智能化语音服务与人工座席的智能化支撑服务，实现高效率、低成本的营销、客服、质检工作，实现传统语音业务的保值增值的语音增值能力。AI 语音能力主要包括 AI 外呼、AI 客服和 AI 质检。

④ 智能终端通话：是一种基于 3G/4G/5G 蜂窝网或任意无线局域网（Wireless Local Area Network，WLAN）接入，由 IMS 网络统一控制的移动语音解决方案。IMS 智能终端通话功能由 IMS 网络实现，语音能力平台支持 IMS 通话能力鉴权信息及配置管理，以及号码验证和配置下发等功能。

（3）基础网络

语音能力基于 IMS 系统实现。

IMS 系统可实现语音能力开放业务相关的语音呼叫用户鉴权、会话控制和路由、业务触发、网络互通、呼叫控制、业务连续性及域选择等功能。其中：P/I/S-CSCF 支持鉴权、信令安全性保护等；MMTel-AS 支持多媒体电话及补充业务，包括号码显示、呼叫转移、呼叫等待、会议电话等。

IMS 系统网元包括呼叫会话控制功能（Call Session Control Function，CSCF）、互联网会话边界控制（Session Border Controller，SBC）、代理呼叫会话控制功能（Proxy Call Session Control Function，P-CSCF）、查询呼叫会话控制功能（Interrogating Call Session Control Function，I-CSCF）、服务呼叫会话控制功能（Serving Call Session Control Function，S-CSCF）、归属用户服务器（Home Subscriber Sever，HSS）等。

（4）信息化系统

电信网络信息化系统主要用于创建市场/政企类客户资料，受理市场/政企业务需求，发送语音业务的受理签约通知，以及接收该类业务的话单并进行批价计费处理。

3.4.6　5G 语音能力开放的主要接口

本节将介绍 5G 语音能力开放主要涉及的接口，其中包括 5G 语音能力开放北向接口、5G 语音能力开放南向接口及 5G 语音能力开放周边接口。

（1）5G 语音能力开放北向接口

语音能力平台采用 Rest API，出于安全考虑，优先考虑采用 HTTPS 协议，主要实现账户管理、企业和用户管理、号码保护、电话直拨、双呼电话、语音验证码、语音通知、多方通话、语音文件管理等功能。

1）账户管理

为保证语音能力平台的安全性，要求所有开发者都必须在平台获得认证账户，并注册应用后，才能通过语音能力平台的 API 获取语音通信服务。

主账户管理功能只能通过主账户进行认证，其中包括获取主账户信息和创建子账户功能。

2）企业和用户管理

客户经理或受理人员可以通过语音业务管理平台申请添加语音能力平台的业务所属企业，然后通过本接口将其添加到语音能力平台，并与用户的账户相关联，成为该账户的专用企业。

5G 语音能力开放北向接口也用于从语音能力平台删除用户添加的企业。

3）号码保护接口

所谓号码保护，是指通话双方在通话过程中可以隐藏各自的真实号码，从而达到保护自己真实号码的目的。

4）语音通信功能接口定义

语音通信功能包括：

① 双呼功能（又被称为点击拨号，或者双向回拨）；

② 电话直拨功能；

③ 语音验证码功能；

④ 语音通知功能；

⑤ 多方通话功能；

⑥ 通话取消功能等。

（2）5G 语音能力开放南向接口

5G 语音能力开放南向接口主要包括 I3 接口。I3 接口指语音能力平台与基础网络间接口，用于传递语音呼叫信令和媒体，实现呼叫路由互通。该接口主要包括语音能力平台与 SBC 间接口。

（3）5G 语音能力开放周边接口

5G 语音能力开放周边接口主要是指与信息化系统等有关的周边接口，主要包括 I1 接口、I2 接口、I4 接口。

1）I1 接口

I1 接口指信息化系统与语音能力开放集中管理平台间的接口，该接口分为以下两类。

① 一类用于接收及传递政企用户订购资料，并触发集中管理平台的号码分配、开通、签约等操作，同时用于话单的传递。该接口包含 3 个子接口。

订购通知接口：用于市场或政企系统向集中管理平台下发业务订购或销户通知，集中管理平台根据订购通知创建企业用户资料记录，并按需分配号码。

文件查询接口：用于收到订购通知后，集中管理平台通过市场或政企系统获取相关联的附件资料，并进行本地处理和关联存储。

话单传递接口：用于集中管理平台向市场或政企系统提交话单，话单包括原始话单和企业级账单。

② 另一类用于接收最终用户是个人用户的语音能力及业务签约、变更或注销等通知指令，向个人业务系统发送查询指令，以及上传计费话单。

2）I2 接口

I2 接口指语音能力开放集中管理平台与语音能力平台间的接口，用于集中受理语音能力开放集中管理平台向语音能力平台下发业务并开通相关信息，如企业信息、业务信息和用户信息等，以及接收语音能力平台产生的原始计费话单。

3）I4 接口

I4 接口指语音能力开放集中管理平台与基础网络间的接口，用于集中受理语音能力开放集中管理平台向基础网络网元发送开通、变更和销户指令，在语音能力中，基础网络如 IMS 系统，包含 IMS AS、ENUM/DNS 和 HSS 设备，可实现指定号码的 IMS 业务签约和变更等。

3.4.7　5G 语音能力开放的关键技术及业务流程

本节基于 5GC 语音能力开放关键技术和业务流程，重点介绍基于 VoWiFi（Voice over WiFi，基于 WiFi 的语音）的语音业务、点击拨号业务、个人小号业务、企业隐私号业务、电话会议业务等。

（1）VoWiFi 业务

VoWiFi 是由电信运营商提供的，基于固网、蜂窝网或任意 WLAN 接入，由 IMS 网络统一控制的移动语音解决方案。第三方企业智能终端和 App 客户端中嵌入具备运营商 IMS 通话能力的 SDK 后，无论在固网、WiFi 还是 3G/4G 蜂窝网的接入下，用户均可通过 SDK，使用移动网或固网号码，与全球任意手机和固话号码进行通话。VoWiFi 通话示意如图 3-25 所示。

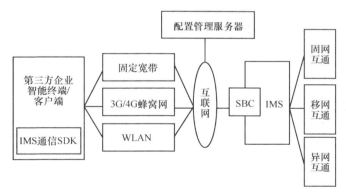

图 3-25　VowiFi 通话示意

当嵌入具备 IMS 通话功能的 SDK 的客户端或智能终端首次使用时，SDK 向配置管理服务器发起配置获取请求，由 DMS 服务器对该终端和所用号码进行验证，验证通过后，配置管理服务器将用户注册所需的信息以加密形式下发给 SDK，SDK 以加密形式存储该信息，并使用该信息向 IMS 网络发送注册请求，注册请求经 SBC 路由至 IMS 系统。当 IMS 鉴权及注册成功后，智能终端通过 SDK 发起 IMS 呼叫请

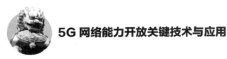

求并接收 IMS 寻呼消息，实现呼叫拨打及接听。该呼叫以固话或手机号码标识，其端到端呼叫业务控制、路由寻呼及网间互通均通过运营商 IMS 网络实现，不经过第三方企业、互联网服务器或转接网关。

1）VoWiFi 主叫流程

图 3-26 所示为 VoWiFi 主叫流程，终端经 WiFi 网络接入互联网，然后直连至 IMS。由于互联网侧和 WLAN 侧无须承载建立，VoWiFi 呼叫无须 PCRF 预留接入侧资源，只需完成 IMS 会话建立过程及编码协商过程即可。

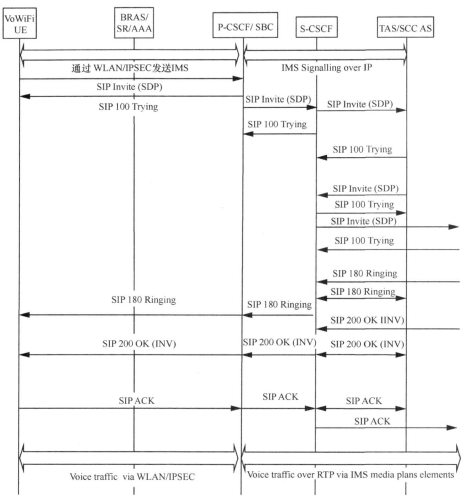

图 3-26　VoWiFi 主叫流程

2）VoWiFi 被叫流程

图 3-27 所示为 VoWiFi 被叫流程，终端经 WiFi 网络接入互联网，然后直连至 IMS。由于互联网侧和 WLAN 侧无须承载建立，VoWiFi 呼叫无须 PCRF 预留接入侧资源，只需完成 IMS 会话建立过程及编码协商过程即可。

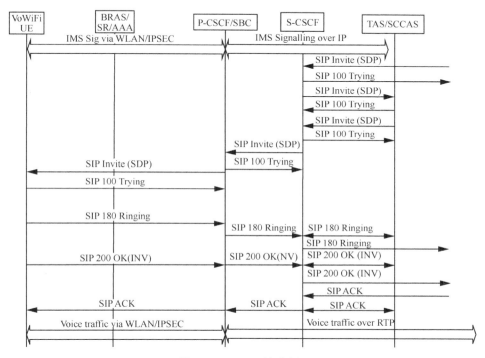

图 3-27　VoWiFi 被叫流程

（2）点击拨号业务

点击拨号也被称为双呼，允许用户在网页或者客户端中嵌入点击拨号能力，用户发起点击拨号请求后，由平台发起的呼叫业务建立两个用户的呼叫连接，业务发起端 A 向平台 B 发起对 C 的呼叫请求，其中 A 的呼叫请求消息发送到云平台 B，平台处理 A 的呼叫请求后发起对 C 的呼叫，同时平台回拨至 A，A 接通后通话建立。A 可以是手机客户端，也可以是呼叫中心座席。

1）企业总机呼叫普通用户流程

该流程主要用于企业总机业务，从业务体验上，申请总机类（固定电话号码）

的每家企业都可以申请一个虚拟总机号码，企业中的个人用户使用自己的手机号接听电话。

以总机业务为例，A 是企业员工号码，M 是企业总机号码，B 是普通用户号码。企业员工都可以以一个统一固定电话号码对外开展业务往来。企业员工 A 外呼企业外普通用户 B 的流程如图 3-28 所示。

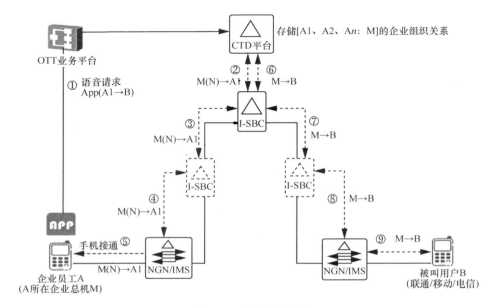

图 3-28　业务呼出流程

① 企业员工 A 利用 App 客户端向第三方 OTT 业务平台发出通话请求。

② OTT 业务平台通过 API 把固定电话号码 M、主叫企业用户号码 A、被叫用户 B 及通话请求送至运营商点击拨号（Click To Dial，CTD）平台，经平台分别向主叫用户和被叫用户发起呼叫。

③ 主叫方终端会立即收到回拨电话，确认接听后，总机号码会接续接通被叫方手机，被叫接听方会显示拨打方的办公电话专属总机号码。

2）普通用户 B 回呼企业总机 M 流程

普通用户 B 回呼企业总机 M 的流程如图 3-29 所示。

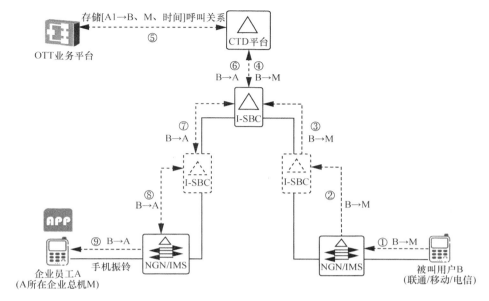

图 3-29　业务呼入流程

① 主叫用户 B 发起通话请求，呼叫总计号码 M，路由到固定号码落地省份。

② 落地省份 IMS 网络将呼叫接续到 CTD 业务平台。

③ CTD 平台向 OTT 业务平台查询获得企业用户被叫号码 A、B、M 的关系。

④ CTD 平台发起企业员工 A 的呼叫。

⑤ 落地省份 IMS 网络路由到企业员工 A 所在省份网络并呼叫到 A。

（3）个人小号业务

从业务体验上，申请小号类业务的用户主要考虑到保护个人隐私的通用场景需求，可用于短期租房、网购等，用户通过注册可申请个人小号，实现普通的语音等功能。

小号用户业务流程

A'为用户 A 的小号，B 为普通用户号码，A 用户以 A'呼叫 B 号码，流程如图 3-30 所示。

① A 通过 App 客户端发起呼叫 B 的请求到 App 业务平台。

② 真实的被叫号码 B 由 App 业务平台送至隐私业务平台，隐私业务平台存储 A、A'、B 的关系。

③ 主叫用户通过电路域发起对 A'的呼叫并到达隐私号业务平台。

④ 隐私号业务平台收到来自运营商内部及第三方平台请求消息后，把主叫号码替换为 A′，被叫号码写为 B，再发起对 B 的呼叫，B 用户来显为 A′号码。

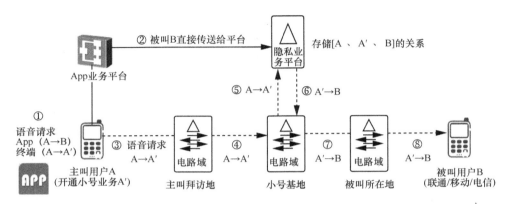

图 3-30　小号用户呼出业务流程

（4）企业隐私号业务

面向商户和用户提供中间安全号码，充分发挥虚拟副号灵活绑定的优势，实现临时号码跟随订单状态的捆绑使用功能，从而实现在交易双方之间建立安全屏障。

从业务体验上，企业申请的隐私号主要是用于行业应用的多种场景，隐私号以号码池方式出现，一般通过订单请求被分配。号码变换的绑定关系仅仅在订单期间有效，订单结束后，号码将被重新释放并进入号码池后被重新利用，隐私号 M 会与订单的主叫 A 和被叫 B 形成 AMB 三元组的关系，以提供语音等能力。

1）乘客主叫业务流程

以打车的场景为例，A 为乘客号码，M 为隐私中间号，B 为司机号码。

乘客呼叫司机流程如图 3-31 所示。

① 乘客 A 通过 App 向隐私号业务平台发送要呼叫的号码 B，请求分配中间号码。隐私号平台分配中间号码 X，并返回给主叫 App。

② 乘客 A 发起对 M 的呼叫，通过电路域呼叫接续到隐私号业务平台。

③ 隐私号业务平台把主叫号码修改为 M，被叫号码修改为 B，再发起对司机 B 的呼叫。司机 B 的来电显示为 M。除了 A 和 B，其他号码呼叫 M 受限。

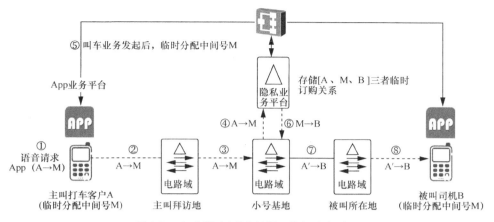

图 3-31　打车类用户业务流程（乘客呼叫司机）

2）乘客被叫业务流程

司机呼叫乘客业务流程如图 3-32 所示。

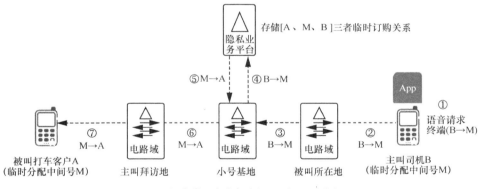

图 3-32　打车类用户业务流程（司机呼叫乘客）

① 司机 B 呼叫 M，通过电路域呼叫接续到隐私号业务平台。

② 隐私号业务平台把主叫号码修改为 M，把被叫号码修改为 A，再发起对乘客 A 的呼叫，乘客 A 接听来电，乘客 A 的来电显示为 M。除了 A、B 双方，其他号码呼叫 M 受限。

（5）电话会议业务

语音/视频会议提供会场创建、会场控制、语音/视频管理等功能，能有效解决企业通信成本高、多人通话受限的问题，提供高质量的语音/视频会议，让沟通更高效。电话会议业务流程如图 3-33 所示。

① 平台业务客户端创建电话会议。

② 业务平台通知客户端电话会议创建结果。

③ 业务平台发起呼叫并发送到 IMS 网络。

④ IMS 呼叫所有与会终端。

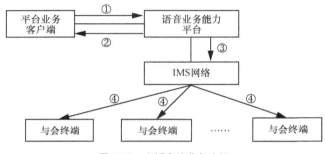

图 3-33　电话会议业务流程

3.4.8　5G 语音能力开放的典型应用场景

（1）智能音箱通话

智能音箱是市面上常见的智能设备，已经走进千家万户，智能音箱是在传统音箱的基础上增加了智能化功能，智能化功能主要体现在两方面：第一，技术上具备 WiFi 连接功能，可语音交互；第二，功能上可提供音乐、有声读物、信息查询等互联网服务，智能音箱作为人工智能的入口，会成为智慧家庭的中心。通过语音能力开放来进行业务创新，这是电信运营商进行积极尝试的方向与选择。

基于智能设备的语音能力开放解决方案采用基于 IMS 的语音解决方案，在智能设备中嵌入运营商 VoIMS SDK，VoIMS SDK 通过 WiFi 等无线环境经互联网到达运营商 SBC，并接入 IMS 网络平台，通过与 IMS 平台的交互完成智能设备的网络注册，实现智能设备的主叫和被叫语音及视频通话功能。智能音箱通话场景如图 3-34 所示。

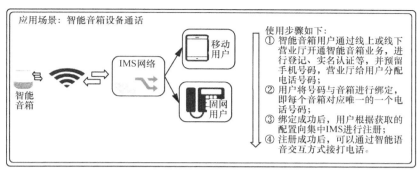

图 3-34 智能音箱通话场景

（2）专车服务

在专车行业，客户隐私一直是难点，专车司机使用自己的手机和用户联系，出现纠纷后难以准确判断，而订单完成后对用户的骚扰也无法避免。为专车企业定制专属的"专车专用虚拟号"，在订单生成时，将虚拟号码同乘客和司机的手机号码进行绑定，双方均通过拨打同一个虚拟号码的方式来实现沟通。订单完成后，虚拟号码即可解绑，完美保障双方隐私。专车服务场景如图 3-35 所示。

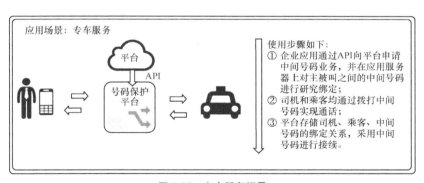

图 3-35 专车服务场景

| 3.5 5G 消息能力开放 |

3.5.1 概述

随着 5G 标准架构逐步清晰，技术逐步走向成熟，短信业务亟须演进升级。SMSF

（SMS Funcition，短信服务功能）网元提供 5G 网络的短信功能处理，包括短信注册、中继、缓存、路由等。短信业务作为网络必达的信息收发通道，仍将长期存在。同时，随着 5G、人工智能、大数据等技术逐渐成熟，以及网络衍生出的大量新应用场景，（如海量物联网催生"人网""物网"之间的消息场景），传统单一文本的短信业务已经满足不了社会发展的需求。基于行业富媒体（Rich Communication Suite，RCS）的聊天机器人具有广泛的应用场景，未来可将其应用在政府、银行、航空公司等部门及铁路、餐饮、地面交通等行业。

对于通信运营商而言，满足用户的通信需求是其最基本的服务宗旨。5G 时代来临，全球运营商在 GSMA 上达成了共识，短信业务需要升级为富媒体消息业务，我们称之为 5G 消息业务。5G 消息业务不仅支持个人用户之间的多媒体消息交互，还可以使行业客户为其用户提供新型的基于富媒体的交互式数字服务。

5G 消息基于 GSMA 富媒体通信套件全球统一标准构建，可实现消息的多媒体化、轻量化，通过引入消息即平台技术实现行业消息的交互化。5G 消息带来了全新的人机交互模式，构建了全新的社交和信息服务入口，用户在消息窗口就能完成服务搜索、发现、交互、支付等一站式的业务体验。

基于 5G 消息能力，用户无须下载客户端，在终端原生的短信入口即可接收 5G 消息。5G 消息业务使个人用户之间的信息沟通更加丰富和便捷，用户之间除了可以发送文本信息，还可以发送图片、音视频等多种媒体和多种格式的信息。

基于 5G 消息能力，政府和企业可以将公共服务和商业服务直接送达最终用户，用户也可以通过 5G 消息的目录服务功能，以类似应用商店的方式对服务进行搜索和选择。这些公共服务和商业服务以富媒体消息和交互式卡片的形式呈现在用户的消息界面上，用户可以随时与服务提供方交流或选择服务。借助 5G 消息，用户可以在消息窗口内方便地与各行各业的服务商对话，获得高效的个性化服务；行业客户与他们的用户也可以建立一条便捷的智能服务通道，获得更多的用户反馈，从而与用户建立起更加紧密的联系。

5G 消息业务在保持用户原有通信习惯，充分继承电信业务的码号体系、实名制、安全性、互联互通和电信级服务质量的基础上，以终端原生方式升级短信服务。5G 消息业务融合多种媒体和消息格式，并可无缝与传统短信融合。5G 消息业务利用人工智能、云计算和大数据等技术，为用户提供高效的智能服务，满足了用户丰富的信息沟通需求和多样化的服务需求。

GSMA 在 RCS UP2.0 规范中引入消息即平台（Message as a Platform，MaaP），将其定位为 RCS 行业消息业务，以 RCS 消息、卡片消息、聊天机器人的方式，使用户在消息窗口中完成搜索、交互、支付等一站式体验。相比行业短信"通知即结束"的业务形式，5G 消息以 RCS 为入口，深挖运营商核心能力（统一账号、大数据分析等），直连运营商和第三方应用服务生态。MaaP 为终端、应用开发者提供统一开放的生态环境，通过业务开放层提供统一的 API 给企业客户。

RCS 从 2007 年开始成立工作组，按照时间顺序，其功能规范的发布版本经历了 RCS 1/2/3/4/-e/5.0/5.1/5.2/5.3/6.0/7.0 共 11 个版本。其中，RCS-e 是 RCS 1～4 的简化版，是一个较为特殊的版本，其产生的主要原因是在前期推动 RCS 商用时，技术人员发现功能过多导致终端开发速度慢、网络难以迅速适应等问题。因此，欧洲的 Deutsche Telekom、Orange-FT、Telecom Italia、Telefonica、Vodafone 五大运营商从 2011 年年初开始启动对 RCS-e 的研究，对 RCS 2 的功能进行简化。但是，从 RCS 5 开始，RCS-e 和 RCS 4 又进行了整合，统一成一个版本，不再另行发展。从 RCS 6.0 开始，RCS 进入全球发展时代。

RCS 1 于 2008 年 12 月发布，该版本定义了 RCS 的基本业务：通话中内容共享、通话或消息聊天时进行文件传输、增强型消息、社会呈现、服务能力信息、高可用性、黑名单、网络地址簿。

RCS 2 于 2009 年 6 月发布，在业务功能上较 RCS 1 进行了增强，主要体现在：支持用户通过宽带接入的方式使用 RCS，但此时用户可以发送短信，不可接收短信；支持使用多终端；支持基于运营商管理的网络地址簿及对用户进行自动配置。RCS 2 的亮点在于支持多终端，用户不仅可以在手机上使用 RCS，还可以在 PC 上使用 RCS，从而拓展了 RCS 的使用范围。

RCS 3 于 2009 年年底发布，对 RCS 2 的功能进行了补充：宽带接入的设备作为主要设备；支持非通话期间的内容共享；支持将共享内容传递给传统终端；增强的呈现信息包括地理位置、URL 标签等；增强的消息，允许宽带接入的终端发送和接收彩信/短信；增加网络增值服务；增加对用户透明的开户和配置过程。

RCS 4 于 2010 年年底发布，最重要的变化是支持 LTE，另外也支持大文本消息、与短信的后向兼容、视频共享的暂停和恢复等功能。RCS 4 引入 LTE，符合了 LTE 迅速发展的潮流，也使 RCS 可以得到更多运营商的支持。

RCS-e 1.1 版本于 2011 年 4 月发布，最终版本 RCS v1.2.2 于 2012 年 7 月发布，现在 RCS-e 已改为 RCS v1.2.2 版。它是 RCS 2 的简化版本，删除了社会呈现、心情短语等功能，目前欧洲运营商向用户提供的 RCS 均是基于此版本。

RCS 5.0 于 2012 年 4 月发布，它基于 RCS 1~4 和 RCS-e 1.2，包括 RCS 1~4 以及 RCS-e 1.2 的所有功能，融合了欧洲和北美的 RCS 标准。相比之前的各版本，RCS 5.0 扩展了一对一聊天、群组聊天、文件传输的功能，新增了 IP 视频呼叫、高清语音呼叫、地址位置交换，支持 OMA CPM 和 OMA SIMPLE IM。RCS 5.0 可以称作是 RCS 的集大成者，不仅包括之前各 RCS 版本的功能，还新增了许多功能，是一个十分受人关注的版本。

RCS 5.1 包含 4 个子版本，其中 v4.0 版本于 2013 年 11 月正式发布，融合了商用 RCS 的运营商不断从市场获得的反馈信息。相比 RCS 5.0，RCS 5.1 增加了文件的存储转发、静态群组消息的存储转发、在地图上显示位置等功能。

RCS 5.2 于 2014 年 5 月正式发布，是在 RCS 5.1 的基础上演化而来的，增加了语音消息和扩展业务标签两项新功能，并对配置、独立消息、一对一聊天、文件传输等功能进行了增强。

RCS 5.3 于 2014 年 5 月正式发布，是在 RCS 5.1 的基础上演化而来的版本，增加了语音消息和扩展业务标签两项新功能，并对配置、独立消息、一对一聊天、文件传输等功能进行了增强。

RCS 6.0 于 2016 年 3 月 21 日正式发布，开启了全球统一的 Universal Profile1.0 时代。

RCS 7.0（RCS Universal Profile 2.0）于 2017 年 6 月 28 日正式发布，增加了 Chatbot 和 Plug-in 两项重量级功能，并引入 MaaP 商业模式。

2018 年 12 月 6 日发布的 RCS Universal Profile 2.3 中，在原有基础上完善了商业富媒体消息国际标准，进一步扩展了商业富媒体消息的产品形态及应用场景。

3.5.2　5G 消息能力开放的需求场景

5G 消息中，个人用户之间传送的消息能力可支持多种媒体格式，包括文本、图片、音频、视频、表情、位置和联系人等。5G 消息支持在线消息和离线消息，并可向用户提供消息状态报告和消息历史管理。行业客户以 Chatbot 的形式与个人用户通过 5G 消息能力进行交互。个人用户向行业客户的 Chatbot 发送的消息内容可以包含文本、图片、音频、视频、表情、位置和联系人等媒体格式。行业客户的 Chatbot 向个人用户发送的消息内容可以包含文本、图片、音频、视频、表情、位置和联系人等媒体格式，此外还可以包含富媒体卡片，消息中还可携带选项列表（包括"建议回复"和"建议操作"）。典型需求场景如下所示。

（1）旅行服务

个人用户查询航空公司关于可用航班的信息，并通过对话界面预订相关服务；收到提醒，办理登机手续、更换座位或选择餐食；在会话和航班状态通知中接收登机牌等。

（2）银行服务

个人用户使用安全认证，跨行使用金融服务（例如转移资金、请求账户余额）；旅行前通知银行预先授权境外使用信用卡；通过银行检查可疑信用卡消费、锁卡、获取新卡的详细信息等。

（3）预订服务

个人用户预订电影票，选择电影场次及座位，最后通过触发付款并在用户对话屏幕上接收门票（例如 QR 代码）来完成预订等。

（4）线上购物服务

个人用户在线从可供选择的经销商那里订购商品；通过消息与经销商进行对话，利用图片、预定义的回答选项等进行沟通和订购，在消息会话中确认商品并完成付款；通过消息更新，跟踪服务状态，直到完成商品交付服务；在收到商品后，还可以对购买的商品进行评价。

（5）媒体订阅服务

个人用户通过查找聊天机器人，订阅感兴趣的媒体服务。用户通过消息界面支付相关费用及观看内容等。

（6）企业内部通信

个人用户建立公司或特定区域内部消息服务，以便在同一个公司/企业单位的员工之间发送和接收消息，保障消息内容的安全性和保密性。

（7）支付业务

个人用户可在消息窗口完成运营商或第三方支付等多种支付方式，并且基于端到端加密的安全认证，具有运营商级别的安全性。

（8）地理位置和基于日历服务

个人用户结合位置、日历能力接口，在消息窗口中可根据日历中的事件，提醒目的地时间和路线等，包括方向、最佳路线、交通信息和/或公共交通等。

3.5.3　5G 消息能力介绍

5G 消息业务分为两大类，一类是个人消息业务，是个人用户之间交互的消息；另一类是行业消息业务，是行业用户与个人用户之间交互的消息。

两大类消息均支持文本、图片和音视频等多种媒体格式。个人用户之间的消息还分为点对点消息、群发消息和群聊消息。5G 消息业务和语音业务相结合可实现行业用户与个人用户在呼叫前、呼叫中和呼叫后进行更丰富的、多元化的信息分享和互动，为行业用户、个人用户提供差异化的、更丰富的业务体验。

（1）个人消息业务

个人消息业务主要包括点对点消息、群发消息以及群与群聊。

1）点对点消息

点对点消息指个人用户之间发送的消息，支持以下媒体内容：文本（含表情）、图片、音频、视频、位置、联系人、文档等。

个人用户使用手机号码作为 5G 消息业务的主标识。用户可向开通 5G 消息的手机用户、未开通 5G 消息的手机用户发送消息，并可在运营商间实现互联互通。

若消息接收方不是 5G 消息用户，则消息回落为短信发送给接收方；若消息接收方是 5G 消息用户，但当前不在线，网络侧重试一定次数（可配置）后，如果仍然失败，则通过短信下发该消息。若消息中包含多媒体内容，回落为短信时，在短信内容中携带提取该多媒体内容的链接统一资源定位符（Uniform Resource Locator，URL），接收方收到短信后点击 URL 即可访问多媒体内容。

用户发送消息时，可通过输入联系人号码或从通讯录、消息列表，以及通话记录中选择联系人进行消息发送。

2）群发消息

群发消息指个人用户向多个其他个人用户同时发送的消息，用户可一次输入多个联系人的手机号码或从通讯录中选择多个接收者，向多个接收者群发消息。每个接收者都将接收到包含相同内容的消息，且发送者的号码均为其真实手机号码，接收者可采用点对点消息的方式直接回复该消息给发送者。

群发消息与现网短信的可达范围相同，可实现运营商间互联互通。

群发人数上限应在 5G 消息系统侧可配置（如 200 人）。

3）群与群聊

群聊是所有加入群的个人用户之间进行的消息交互。

群聊中包括群管理员和普通成员，群的创建者默认成为群管理员。群成员可包括各个运营商的 5G 消息用户，即可实现运营商间互联互通。非 5G 消息用户只有更换了 5G 消息终端后才能加入群和参与群聊。群管理包括创建群、修改群名称、删除群成员等功能。

群创建成功后，用户可与所有已经加入群的用户进行消息交互。用户发送的群聊消息将发送给群内所有成员，群成员的回复也会发送给群内所有成员。

群聊时，终端上可显示群成员的名称和头像。

群聊宜设置有效期，避免无效群浪费网络资源。

用户加入群后，才能发送和接收群聊消息，但不能接收、查看其加入群之前的历史群聊消息。

5G 消息用户不在线时不接收群聊消息，群聊消息将以离线消息形式保存在平台，待用户下次在线时投递给用户。

（2）行业消息业务

行业用户以聊天机器人（Chatbot）的形式与个人用户通过运营商网络进行消息交互。

个人用户向行业用户的 Chatbot 发送的消息内容包含的媒体格式有文本、图片、音频、视频、表情、位置和联系人等。

行业用户的 Chatbot 通过点对点或群发消息向个人用户发送的消息内容包含的媒体格式有文本、图片、音频、视频、表情、位置和联系人等，此外还可以包含富媒体卡片，消息中还可携带选项列表（包括"建议回复"和"建议操作"）。

用户与 Chatbot 的消息交互可以通过多种方式触发，如在消息搜索框内搜索后点击搜索结果触发、从浏览器的网页上点击触发、扫描二维码触发、输入 Chatbot ID 触发，触发后即可进入消息交互界面。

Chatbot 的详细信息包括账号、名称、头像、服务描述和客服电话等。用户可以查看终端获取的 Chatbot 详细信息，可将 Chatbot 详细信息存储在终端本地，也可删除终端本地已存储的 Chatbot 详细信息。

第一次收到来自 Chatbot 的消息后，终端将向运营商网络查询校验此 Chatbot 的详情，若未发现该 Chatbot，则认为此消息的来源不可信，不向用户进行展示，从而确保消息来源的可靠性。

个人用户可通过"建议回复"与 Chatbot 进行交互。"建议回复"在界面上展示为一个可点击的按键。当用户点击"建议回复"按键时，终端将该"建议回复"所定义的内容作为一条消息发送给 Chatbot。这条发送内容是用户可见的。

个人用户可以通过"建议操作"与 Chatbot 进行交互。"建议操作"在界面上展示为一个可点击的按键。当用户点击"建议操作"按键时，终端执行该"建议操作"定义的功能，如打开特定网页或手机应用程序、调用电话拨号应用完成音视频电话呼叫至特定对象、在地图上查询位置和发送终端本地地理位置、添加日历事件、编辑起草和发送文本消息或音视频消息等。

Chatbot 发送的消息中的按键有悬浮按键、富媒体卡片内置按键、消息对话界面底部的固定按键 3 种呈现方式。用户点击悬浮按键后，所有悬浮按键消失；用户点击富媒体卡片内置按键后，内置按钮不消失；用户点击固定按键后，固定按键不消失。

（3）增强型呼叫

增强型呼叫指主叫用户在通话前、通话中和通话结束后均能向被叫发送 5G 消息的语音和视频进行呼叫。增强型呼叫的 RCS 消息发送基于 RCS 实现。

增强型呼叫的通话前消息业务指在语音或者视频呼叫的通话前阶段，被叫在呼叫振铃期间可以接收并呈现主叫发送的 5G 消息。该业务支持的消息类型应包括文本（包含 Emoji）、图片、位置和重要通话标识等。被叫终端通过专用的业务能力标签来识别所接收的消息是否为增强型呼叫的通话前 5G 消息，并通过主叫电话号码将增强型呼叫的通话前消息和呼叫关联，在振铃界面展示增强型呼叫的通话前消息。

3.5.4　5G 消息能力开放的架构及主要网元

5G 消息能力开放系统主要由 5G 消息中心（5G Message Centre，5GMC）、Chatbot 平台组成，并与用户数据管理、短信中心、5G 消息互通网关、安全管控系统、业务支撑系统等对接，其架构如图 3-36 所示。

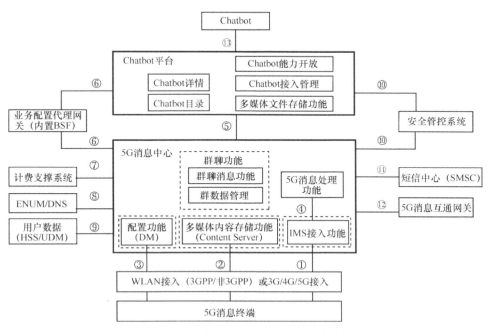

图 3-36　5G 消息能力开放系统架构示意

其中，5G 消息中心、Chatbot 平台均包含若干逻辑功能模块。

5G 消息能力开放系统涉及的主要网元如下。

① Chatbot：聊天机器人或行业消息用户。

② 5G 消息中心：具备处理短消息和基础多媒体消息的能力，与 Chatbot 平台对接提供行业消息功能。5G 消息中心的群聊功能、IMS 接入功能、多媒体内容存储功能、配置功能可以独立配置，也可以纳入 5G 消息中心。

5G 消息中心包含以下逻辑功能模块。

- IMS 接入功能：负责用户 5G 消息 SIP 信令接入、5G 消息大文本、群聊 MSRP 媒体接入和转发；其内部包含标准 P-CSCF/I-CSCF/S-CSCF/AGW 逻辑网元完成用户注册、鉴权、消息路由功能，并通过标准 iFC 方式触发到 5G 消息处理功能 AS 模块完成消息处理。

- 5G 消息处理功能：处理个人消息、行业消息收发，进行会话管理、消息相关业务功能处理等。

- 多媒体消息存储功能：用于存储个人用户发送的多媒体消息中的多媒体消息文件。

- 配置服务器：用于存储用户业务相关数据，如协议栈参数、业务参数等，对终端进行业务配置。

- 群聊功能：群聊服务支持 UP 标准定义的群聊功能，包含群消息交互和群管理，群聊功能相对独立可内置 5G 消息中心内或独立部署。其中，群聊消息功能实现群聊消息的分发；群数据管理包含建群、加人、移除人、解散群、转移管理员权限、更改群主题、更改群头像等，并存储、管理群聊相关数据信息，如群成员列表、群名称、群头像、群成员身份等。

③ Chatbot 平台

Chatbot 平台负责行业用户 Chatbot 的接入管理、鉴权、商户多媒体内容上传与存储等功能。Chatbot 平台与 5G 消息中心对接，提供行业消息功能，承载交互式 5G 消息业务。

Chatbot 平台主要包含如下逻辑功能模块。

- Chatbot 目录：汇总 Chatbot 数据信息，提供匹配、排序等算法服务，处理来自用户的 Chatbot 发现请求，向用户返回搜索结果。

- Chatbot 详情：存储 Chatbot 的相关信息，包括提供该 Chatbot 的企业信息，如名称、商标、业务类型、联系方式等，以及 Chatbot/应用本身的信息，如 Chatbot/应用用途、开发方信息等，处理来自用户的 Chatbot 信息查询。

- Chatbot 能力开放：将 5G 消息能力进行统一抽象封装，Chatbot 便可提供消息接入能力。

- Chatbot 管理：用于运营商对 Chatbot 进行管理，如开通、权限配置等。

- 多媒体消息存储功能：用于存储 Chatbot 下发的多媒体消息文件。

3.5.5　5G 消息能力开放的主要接口

本节将从 5G 消息能力接口定义、接口功能及方法、接口格式等几个方面进行介绍。

（1）接口定义

1）5G 消息系统–用户接口

5G 消息涉及系统–用户间的接口，如图 3-36 中接口 1～3，其定义及协议描述如下。

接口 1：UE 与 IMS 接入模块之间的接口，其中，信令采用 SIP，用于实现即时各类消息交互功能，包括点对点消息、群聊、Chatbot 消息等相关的信令，应满足 GSMA RCC.07 v11.0、在 RCS UP2.4 中对应的 OMA CPM2.2 规范部分要求，以及 3GPP TS 24.229 规范要求。媒体采用消息会话中继协议（Message Session Relay Protocol，MSRP），用于实现一对一消息模式消息、群聊相关的媒体传输，应满足 GSMA RCC.07 v11.0、在 RCS UP2.4 中对应的 OMA CPM 2.2 规范部分要求、IETF RFC 4975 和 IETF RFC 6135 规范要求。

接口 2：UE 与 5G 消息中心多媒体存储功能模块之间的接口，采用 HTTP 接口，用于实现消息多媒体内容（文件）的网络存储、上传、下载，在一对一消息、群聊和行业消息中的多媒体内容均采用 HTTP 方式实现，该接口应满足 GSMA RCC.07 v11.0 规范要求。

接口 3：UE 与配置服务器间接口，采用 HTTP 接口，用于实现 5G 消息业务终端配置数据的下载和更新。该接口应满足 GSMA RCC.14 v7.0 和 GSMA RCC.15 v7.0 规范要求。

2）5G 消息系统内部接口

5G 消息涉及系统内部的接口，如图 3-36 中接口 4、接口 6～13，其定义及协议描述如下。

接口 4：用于 IMS 接入模块与 5G 消息处理功能模块间通信，采用 SIP/MSRP。

接口 6：业务配置代理网关与 5G 消息中心/Chatbot 平台间接口，采用 Diameter 协议。

接口 7：5G 消息中心与计费系统间接口，话单采用 FTP 上传计费中心。

接口 8：采用 DNS 协议，用于 5G 消息中心与 DNS/ENUM 服务器互通。

接口 9：采用 Diameter 协议，用于 5G 消息中心向用户数据管理模块获取鉴权参数等用户信息。

接口 10：5G 消息中心和 Chatbot 平台与安全管控系统间通信，采用 HTTP。

接口 11：点对点消息与传统消息互通接口，应支持 MAP 或 SMPP。

接口 12：不同运营商 5G 消息互通接口，5G 消息互通网关应支持 SIP 信令和多媒体消息 MSRP 的互通，HTTP 内容服务器互通接口应支持 HTTP。

接口 13：Chatbot 平台与行业消息用户间接口，采用 HTTP/HTTPS 通信。

（2）接口功能及方法

1）发送消息

发送消息用于用户 Chatbot 向 MaaP 发送下行消息和 MaaP 向 5GMC 发送下行消息的场景。

HTTP：POST

http://{serverRoot}/messaging/{apiVersion}/outbound/{userId}/requests

2）发送状态报告

发送状态报告用于 MaaP 平台向 5GMC 推送状态报告。

HTTP：PUT

http://{serverRoot}/messaging/{apiVersion}/inbound/registrations/{userId}/messages/{messageId}/status

3）消息接收通知

消息接收通知用于用户 5GMC 向 MaaP 发送上行消息和 MaaP 向 Chatbot 发送上行消息的场景。

HTTP：POST

URL：http://{notifyURL}/InboundMessageNotification/{userId}

4）状态报告通知

如果在下行消息中设置状态报告，那么状态报告将通过发送状态报告通知给应用，此方式用于用户 5GMC 向 MaaP 发送回执消息和 MaaP 向 Chatbot 发送回执消息的场景。

HTTP：POST

URL：http://{notifyURL}/DeliveryInfoNotification/{userId}

5）发送撤回消息

当 Chatbot 已发送到 5GMC 后，希望将发往 5GMC 的消息撤回时，MaaP 平台调用此接口进行消息撤回操作。

发送撤回消息用于 Chatbot 发送撤回请求到 MaaP 和 MaaP 发送撤回请求到 5GMC 的场景。

HTTP：PUT

http://{serverRoot}/messaging/{apiVersion}/outbound/{userId}/requests/{messageId}/status

6）消息撤回结果通知

5GMC 调用此接口将消息撤回是否成功通知 MaaP 平台。

消息撤回结果通知用于用户 5GMC 发送撤回结果到 MaaP，和 MaaP 发送撤回结果到 Chatbot 的场景。

HTTP：POST

URL：http://{notifyURL}/MessageStatusNotification/{userId}

7）能力探测

能力探测指获取联系人支持的 5G 消息能力，用于用户 Chatbot 发送能力查询到 MaaP 和 MaaP 发送能力查询到 5GMC 的场景。

HTTP：GET

http://{serverRoot}/capabilitydiscovery/{apiVersion}/{userId}/contactCapabilities/{contactId}?capabilityFilter={Service Capability Identifier}

8）Chatbot 详情查询

5GMC 请求获取 Chatbot 详细信息，MaaP 平台返回的应答为通讯录的<pcc>格式，用于 Chatbot 获取用户上行多媒体消息时，5GMC 向 MaaP 平台进行 Chatbot 身份认证的场景。

文件服务器在收到 Chatbot 发送的拉取文件的请求时，使用 MaaP 平台提供的 Chatbot 详情查询接口获取包含认证信息和有效期在内的 Chatbot 详情信息，再校验 Chatbot 请求消息中携带的有效期和认证信息。

HTTP：GET

https://{serverRoot}/bot?{set_of_query_parameters}

9）媒体文件上传

媒体文件上传用于 Chatbot 向 MaaP 平台多媒体内容存储文件。

HTTPS POST

URL：http://{serverRoot}/Content

10）媒体审核通知

媒体审核通知用于 MaaP 发送媒体审核结果通知。

HTTP：POST

URL http://{ verificationnotifyURL}/InboundMessageNotification/{ChatbotId}

11）媒体文件删除

媒体文件删除用于 Chatbot 删除媒体文件。

HTTPS DELETE

URL：http://{serverRoot}/Content

12）Chatbot 文件下载

Chatbot 文件下载用于 Chatbot 向 5GMC 多媒体内容存储获取文件。

（3）接口格式

表 3-9 为消息关键字段数据类型取值说明。

表 3-9　数据类型说明

类型名称	类型描述
string	字符串
int	整型
xsd:anyURI	HTTP URL，或码号地址格式参见表 3-11

表 3-10 为客户端基本消息参数描述。

表 3-10　客户端参数说明

参数名称	参数描述
userId	在 URL 中，消息携带原始主叫号码（Chatbot ID），通知中携带被叫号码（同为 Chatbot ID）
Address	是 HTTP 头域，下行消息中携带被叫号码，上行消息中携带主叫号码。群发消息填写 00000（5 个 0），广播消息填写 000000（6 个 0）； 例如： Address: +8619985550104
Authorization	是 HTTP 头域，保存鉴权信息。MaaP 平台使用此字段对 Chatbot 身份进行认证，5GMC 可忽略此字段。 值的格式为 authType Basic BASE64（Appid:sha256（token+Date 头域值）），+ 表示连接，采用字符串拼接方式。 其中，authType 的值包括：Basic，token：Chatbot 的访问令牌，为 Chatbot 到业务管理平台申请的 Password 做 SHA-256 加密后的值，Chatbot 本地可记录此值，不需要每次均重新计算 SHA-256 后的 Password。 Date：Http 请求中的 Date 头域值，MaaP 平台应对此 Data 头域值进行校验，与系统时间的偏差应在一个提前设定的有效期内。 例如：Authorization: Basic TXlwdndOZG0yWTpjUml0dHMzM1dKRnBXRUdD；其中，AppID 最大长度为 20 字节，token 最大长度为 100 字节
Date	是 HTTP 头域，值是发送 HTTP 消息的 GMT 时间，如 Thu, 11 Jul 2015 15:33:24 GMT
notifyURL	5GMC 发往 MaaP 的消息，以及 MaaP 发往 Chatbot 的消息中 URL 的根路径，格式为 http|https://domain|ip[:port]/notifications，协议支持 http 和 https，地址可以是域名也可以是 ID

表 3-11 为接口传递地址格式。

表 3-11　地址格式说明

名称	格式	描述
tel	tel:phone	用户/应用地址，如 tel:13xxxxx1244
sip	sip:phone@domain	用户/应用地址，如 sip:XX@botplatform. chinaxxxcom.cn

3.5.6 5G 消息能力开放的关键技术及业务流程

（1）5G 消息关键业务流程

1）配置获取

终端配置获取流程如图 3-37 所示，具体说明如下。

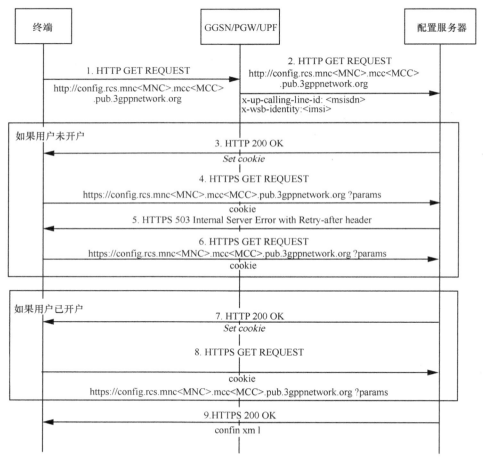

图 3-37 终端配置获取流程示意

①～② 终端向根据 SIM 卡信息组装出的配置功能发起配置请求，网络侧对此请求进行头增强。

③~⑥ 若配置功能发现此用户未开通 5G 消息，则返回 HTTP 503 请求，携带 Retry-after 参数，终端在此参数设定时间后重新进行配置获取。

⑦~⑧ 若配置功能发现此用户已开通 5G 消息，则终端可直接发起配置请求。

⑨ 配置功能将配置文件下发给终端。

2）5G 消息业务初始注册流程

图 3-38 为初始注册流程图，具体说明如下。

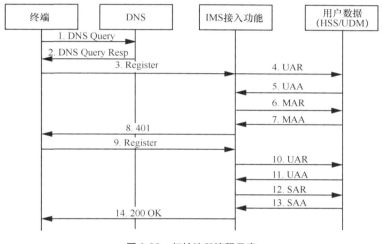

图 3-38 初始注册流程示意

①~② 终端首先从配置功能获取业务配置数据（HTTPS 方式，获取 IMSSIP 注册地址及相关参数）。

③ 终端向 5G 消息中心 IMS 接入功能发起 IMS 注册流程。在 Register 消息中，携带 home_network_domain_name 指明用户号码归属省，Expire 头域不为 0（注册间隔时间）。

④~⑤ IMS 接入功能收到 Register 消息，向用户数据功能发送用户鉴权请求（User Authorization Request，UAR）消息。用户数据功能收到 UAR 消息，根据本地数据库中的用户开户信息，判断用户已开户，则向 IMS 接入功能发送用户鉴权响应（User Authorization Answer，UAA）消息。

⑥~⑦ IMS 接入功能向用户数据功能发送多媒体鉴权请求（Multimedia Authentication Request，MAR）消息，请求获取用户鉴权参数，并且通知用户数据功能当前 IMS 接入功能为该用户服务。用户数据功能向 IMS 接入功能返回多媒体鉴权响应（Multimedia Authentication Answer，MAA）。

⑧ IMS 接入功能保存鉴权参数，以备后续对用户的鉴权响应进行验证。其他鉴权元素随 401 响应发往终端。

⑨ 终端收到 401 响应后，依据密码重新构造 Register 消息，携带鉴权信息，按照初始 Register 消息的路径发给 IMS 接入功能。

⑩～⑪ IMS 接入功能收到鉴权响应，鉴权通过后，向用户数据功能发送用户签约请求（Server Assignment Request，SAR）消息，请求下载用户的签约数据。用户数据功能向 IMS 接入功能返回用户签约响应（Server Assignment Answer，SAA），携带用户的签约数据。

⑫ IMS 接入功能向终端侧反馈 200（OK）响应，表明注册成功。

3）基于 HTTP 的 GBA 流程

GBA 认证流程如图 3-39 所示，具体说明如下。

① 用户在终端上发起 HTTP 相关业务操作，例如，多媒体文件传输、Chatbot 目录查询、Chatbot 信息查询等。终端将首先向对应的 AS 建立 TLS 隧道，并启动认证流程。

② 终端接收用户操作请求之后，与对应 NAF（如 HTTP 内容存储、Chatbot 目录、Chatbot 信息等）联系。

③ 终端发送 HTTP Request 到 NAF（在 TLS 隧道中发送），请求访问一个业务。

④ 收到 HTTP Request 消息后，NAF/AS 发送 HTTP 响应消息。

⑤ 终端首先检查是否存在有效的引导安全关联。如果不存在，终端将发起 Ub 接口的关联过程；如果存在，则直接进行第 14 步。

⑥ BSF 收到终端的请求消息以后，向对应 HSS 发送 MAR 消息请求认证向量和 GAA 用户安全设置（GAA User Security Settings，GUSS）信息。

若 BSF 上已有该用户的 GUSS 信息且 BSF 配置支持 GUSS 的时间戳功能，则在请求消息中可携带 GUSS 的时间戳信息。

⑦ HSS 向 BSF 返回认证向量以及 GUSS 信息。

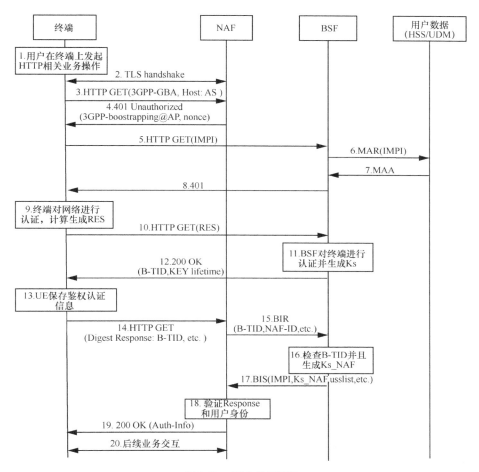

图 3-39 GBA 认证流程

⑧ BSF 利用获取的认证向量发送 401 消息，消息包含 RAND 和 AUTN。

⑨ 终端收到 401 消息以后，根据 AUTN 和 RAND 计算出 XMAC，并和 AUTN 中的 MAC 值进行比对后，比较 AUTN 中的序列号 SQN 是否在可接受范围内（AUTN 中的 SQN 需要比终端中的 SQN 大）。若 MAC 不一致，则终端对网络侧认证失败；若 MAC 一致且 SQN 在可接受范围内，则认为通过，终端计算生成 RES 并保存 IK 和 CK。

⑩ 终端发送 HTTP GET 消息给 BSF，头域 Authorization 中携带 RES。

⑪ 接收到 HTTP GET 消息后，BSF 根据 RES 对终端进行认证。如果认证成功，可继续进行后续操作；否则，认证失败。若认证成功，BSF 生成 B-TID，并保存 B-TID、

IMPI、CK 和 IK。B-TID 的产生方式为 base64encode（RAND）@BSF_servers_domain_ name，其中 BSF_servers_domain_name 为 BSF 的主机名。

⑫ BSF 向终端回送 200 消息，携带 B-TID，以及 Ks 的有效期。

⑬ 终端保存认证信息，包括 B_TID 和 Ks。

⑭ 终端向 NAF/AS 发起 HTTP Digest 请求，使用 B-TID 作为用户名，Ks_NAF 作为口令。

⑮ 收到终端的 HTTP GET 消息以后，向 BSF 获取 B-TID 所标识用户的 Ks_ （ext/int）_NAF。

⑯ 收到 BIR 消息后，BSF 根据 B-TID 找到用户对应的 IMPI 和 IMPU，计算 Ks_（ext/int） _NAF。根据不同方式（GBA-ME 或 GBA-U 等），计算 Ks_NAF 使用不同的算法。

⑰ BSF 向 NAF/AS 发送 BIA 消息，包含 IMPI、IMPU、Ks_NAF、usslist、 keyExpriyTime 和 bootstrAppingInfo Creation Time、uiccKeyMaterial（仅当采用 GBA-U 时，才需要携带此字段），其中，usslist 信息包含 USS、GSID、Type 和 NAFgroup 信息。消息样例参照第⑮步。

⑱ NAF/AS 收到 BSF 的 BIA 消息，进行如下检验。

检验 BSF 返回的 USS 信息中的认证方式（GBA-ME，GBA-U 等）是否与终端 携带的认证方式（基于请求消息中的 realm）一致，如果一致，则进行后续操作； 如果不一致，则向终端返回 401 认证失败消息。

NAF/AS 根据用户的 USS 信息，验证终端传送的身份信息 IMPU，如果一致， 则进行后续操作；如果不一致，则向终端返回 401 认证失败消息。

利用 B-TID（用户名）和 Ks_NAF（口令）进行 HTTP Digest 计算 Response， 并与请求消息头域 Authorization 中的 Response 值比对，如果一致，则通过认证，继 续后续操作；如果不一致，则向终端返回 401 认证失败消息。

⑲ NAF/AS 认证通过，发送 200 消息并携带 Authentication-Info 头域给终端。

⑳ 终端和 NAF/AS 继续后续的业务交互。

4）Pager Mode 消息

当发送和接收 5G 消息的终端归属于不同的 5G 消息中心，且当前均在线时， 用户使用 Pager Mode 发送点对点消息的流程如图 3-40 所示。

①～④ 发送方终端发送即时消息，经过主叫侧 IMS 接入功能发送到主叫所属的 5G 消息处理功能，主叫消息处理功能返回已收到即时消息的应答。

⑤～⑥ 主叫 5G 消息处理功能向接收方用户所归属的 5G 消息处理功能发送即时消息，被叫 5G 消息处理功能返回已收到即时消息的应答。

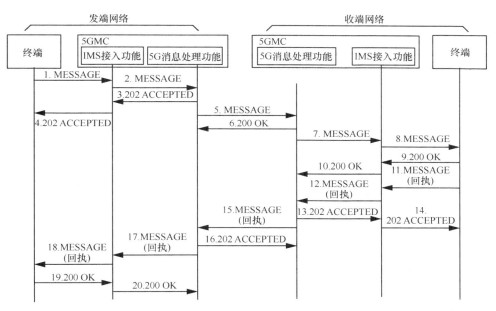

图 3-40　主被叫用户归属不同 5GMC 的 Pager Mode 发送点对点消息

⑦～⑩ 被叫消息处理功能向接收方终端递送即时消息，接收方终端返回成功收到即时消息的应答。

⑪～⑳ 被叫终端向主叫消息处理功能发送递送报告消息，逐跳传递，最终主叫终端向主叫消息处理功能返回收到递送报告的应答。

5）Large Message Mode 消息

当发送和接收 5G 消息的终端归属于不同的 5G 消息中心，且当前均在线时，采用存储转发方式，以 Large Message Mode 发送点对点消息的流程如图 3-41 所示。

①～⑥ 发送方终端向发送方 5G 消息中心发起 MSRP 能力协商的请求，INVITE 消息先后经过主叫侧 IMS 接入功能、主叫侧 5G 消息处理功能，协商成功，建立 MSRP 通道。

⑦~⑨ 发送方终端使用 MSRP 通道向发送方消息处理功能发送消息；发送方消息处理功能接收消息后存储，并应答终端。

⑩~⑬ 发送方终端发送成功，发起 MSRP 通道关闭指令，并成功拆除 MSRP通道。

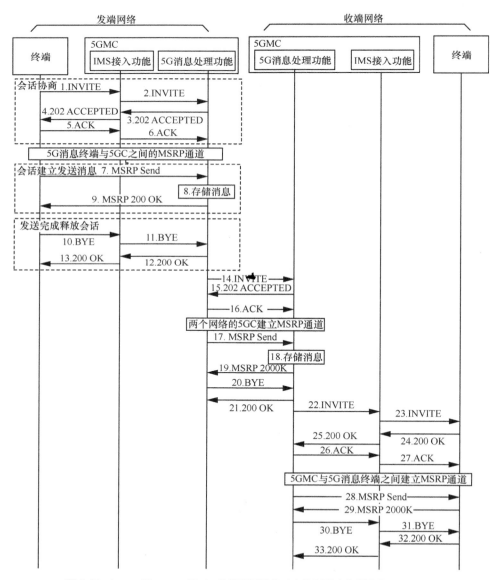

图 3-41　Large Message Mode 发送即时消息（主被叫用户归属不同 5GMC）

⑭～㉑　发送方消息处理功能采用相同的流程向接收方消息处理功能 MSRP 协商、建立通道、发送消息并拆除通道。

㉒～㉝　接收方消息处理功能采用相同的流程向接收方终端进行 MSRP 协商、建立通道、发送消息并拆除通道。

6）5G 消息始发，CS 短消息终结

5G 消息始发，CS 短消息终结流程如图 3-42 所示，具体说明如下。

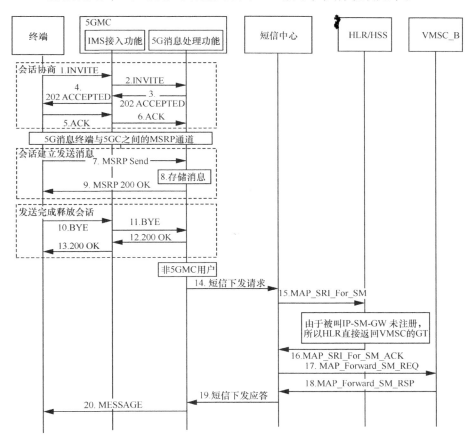

图 3-42　5G 消息始发，CS 短消息终结流程示意

①～⑬　终端发送点对点消息至发送方的 5G 消息中心。

⑭～⑲　发送方 5G 消息中心查询被叫用户未注册 5GMC，5GMC 消息处理功能通过短信中心向 HLR 发送取路由信令，并根据 HLR 返回的 VMSC 地址，下发短消

息。接收方接收的是内容为 URL 链接的短消息。

⑳ 5GMC 消息处理功能向终端发送回执消息。

7）5G 消息始发，IP 短消息终结

5G 消息始发，IP 短消息终结流程始如图 3-43 所示，具体说明如下。

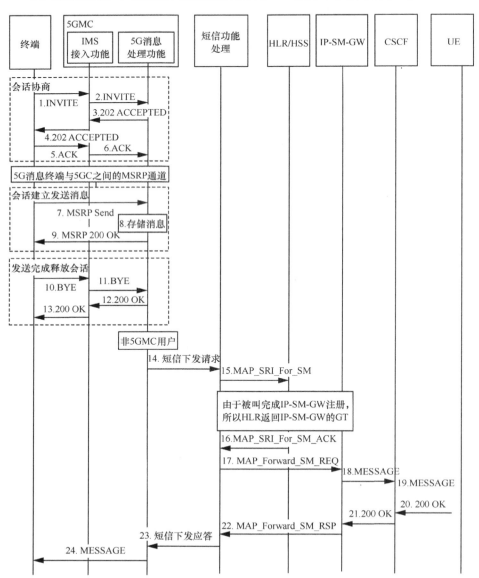

图 3-43 5G 消息始发始发，IP 短消息终结

①～⑬ 终端发送点对点消息至发送方 5G 消息中心。

⑭～㉓ 发送方 5G 消息中心查询被叫用户未注册 5GMC，5GMC 消息处理功能通过短信通道向 HLR 发送取路由信令，由于被叫用户完成了 IP-SM-GW 注册，HLR 返回的 IP-SM-GW 地址，短信处理模块将 MT 短信转发给 IP-SM-GW，IP-SM-GW 通过 MESSAGE 下发短消息到终端。接收方终端接收的是内容为 URL 链接的短消息。

㉔ 发送方 5G 消息中心向终端发送回执消息。

8）文件上传

HTTP 文件上传流程如图 3-44 所示，具体说明如下。

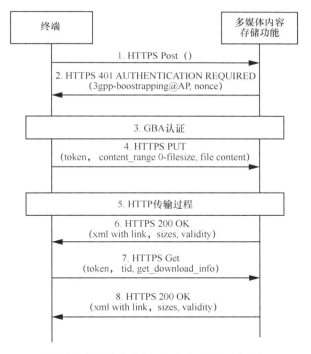

图 3-44　HTTP 文件上传流程（网络侧无文件）

①～③发送方终端向多媒体内容存储功能发送 HTTPS POST 空请求，内容服务器向客户端返回 401/511 响应，触发 GBA 认证（此过程为可选，客户端无有效鉴权 token 时触发）。

④～⑧终端通过 HTTPS PUT 请求消息，完成文件上传。多媒体内容存储功能将文件 URL 返回给上传方。

9）发送方上传续传

发送方上传续传为可选流程，当终端未收到 PUT 的 200 OK 响应时触发，如图 3-45 所示，流程说明如下。

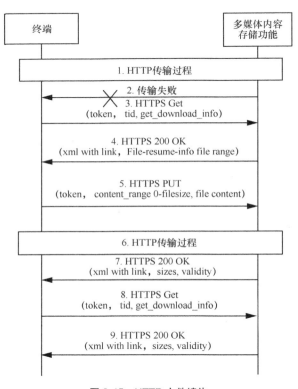

图 3-45　HTTP 文件续传

①～② 文件上传过程中失败，即终端未收到文件上传的最终的 200 OK 响应。

③～④ 终端向服务器发送 HTTPS Get 请求，获取当前文件上传进展。

⑤～⑦ 终端调用 HTTPS PUT 接口，从断点处将剩余的文件内容继续上传。

⑧～⑨ 完成文件上传。多媒体内容存储功能将文件 URL 返回给上传方。

10）文件消息

文件消息流程如图 3-46 所示。

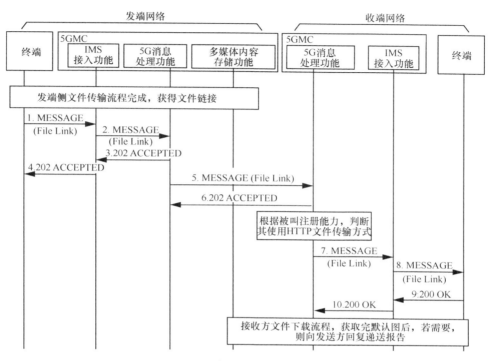

图 3-46　端到端 HTTP 文件传输

11) 文件下载

接收方文件下载流程如图 3-47 所示，流程说明如下。

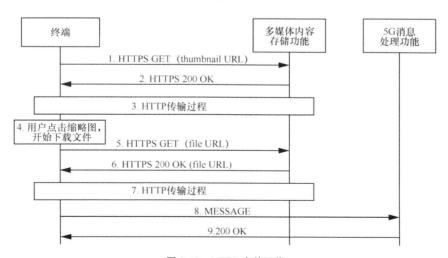

图 3-47　HTTP 文件下载

①~④ 用户通过 SIP Message 获得文件缩略图链接，终端自动下载缩略图。

⑤~⑦ 用户主动点击缩略图，开始下载文件。

⑧~⑨ 文件传输结束后，接收方用户根据需要向发送方发送递送报告。

12）Pager Mode 消息群发

Pager Mode 消息群发流程如图 3-48 所示。

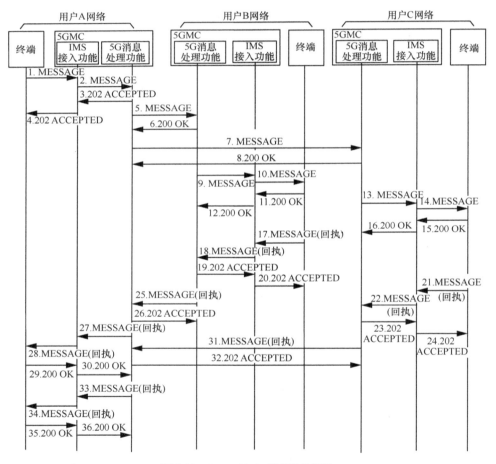

图 3-48　Pager Mode 消息群发流程

设想用户 A、B、C 归属于不同的 5GMC，且当前均在线，Pager Mode 消息群发的具体说明如下。

①~④ 用户 A 发送 SIP MESSAGE 消息到 A 侧消息处理功能，SIP MESSAGE

消息中携带用户接收列表（用户 B、用户 C）的 URI List。

⑤～⑯ SIP MESSAGE 消息被用户 A 侧 5G 消息处理功能分别转发到用户 B、C 侧 5G 消息处理功能，用户 B、C 侧 5G 消息处理功能将 SIP MESSAGE 消息发送到用户 B 和用户 C。

⑰～㊱ 如果用户 A 发送 SIP MESSAGE 中要求递送报告，用户 B、C 分别发送 SIP MESSAGE，携带递送报告给用户 A。

13）用户创建群聊会话

用户创建群聊会话流程如图 3-49 所示，具体流程如下。

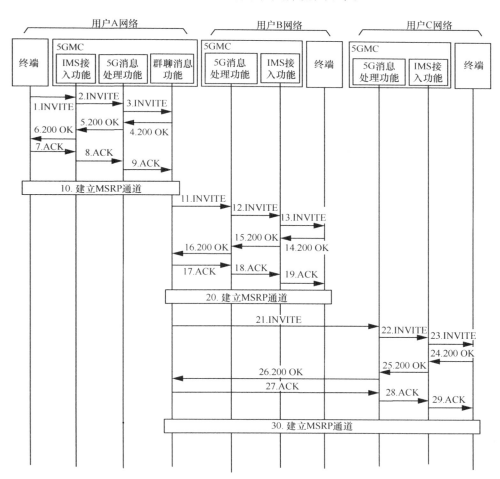

图 3-49　用户创建群聊会话流程

①～⑩ 用户 A 发送建立群聊的 SIP INVITE 消息到 A 侧消息处理功能，该请求内容包含初始邀请的群聊成员用户 B 和用户 C。A 侧消息处理功能再送至用户 A 归属的群聊消息功能，与该群聊消息功能建立 MSRP 通道。

⑪～⑳ 用户 A 归属的群聊消息功能发送建立群聊的 SIP INVITE 消息到 B 侧消息处理功能，再发送用户 B。用户 B 接受群聊邀请后，与用户 A 归属的群聊消息功能间建立 MSRP 通道。

㉑～㉚ 用户 A 归属的群聊消息功能发送建立群聊的 SIP INVITE 消息到 B 侧消息处理功能，再发往用户 C。用户 C 接受群聊邀请后，与用户 A 归属的群聊消息功能间建立 MSRP 通道。

14）群组管理

使用 SIP REFER 方法邀请群成员的群管理流程如图 3-50 所示。

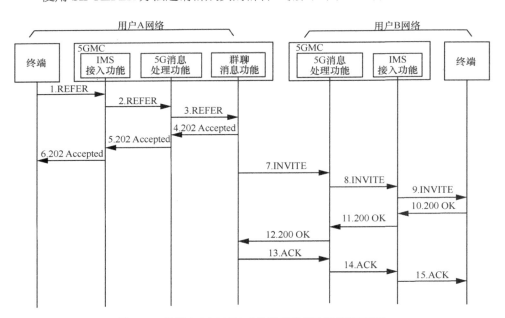

图 3-50　使用 SIP REFER 方法邀请群成员的群管理流程

①～⑥ 用户 A 发送 SIP REFER 请求，其中携带相关管理业务所需方法（例如，邀请群成员时，Refer-to 头中的 Method=INVITE）。

⑦～⑮ 群聊消息功能解析 SIP REFER 请求，根据其中携带的方法向被邀请的

用户发送相关请求。

踢出群成员流程与图 3-50 相同，其中，Refer-to 头中的 Method=BYE，群聊消息功能发送 SIP BYE 请求到用户 B。

（2）5G 消息关键技术

1）能力发现

该功能是 RCS 引入的一项关键能力，能够让用户感知对端是否支持 RCS，以及支持哪些 RCS 业务能力。该功能的实现机制有两种，一种是基于 SIP OPTIONS 信令和功能标签的业务能力发现；另一种是基于 OMA Presence 的业务能力发现。在两种机制的效率和对网络的影响方面，SIP OPTIONS 机制都要优于 OMA Presence 机制；但由于 OMA Presence 机制还能够支持头像、签名、地理位置等社交信息的共享，且支持订阅和推送机制，所以用户体验更好。

2）文件传输

该业务实现用户之间的文件交换，除了能够在线实时传输文件外，AS 还可以支持存储转发等功能。该业务的实现机制有两种，一种基于 MSRP 的文件传输；另一种基于 HTTP 的文件传输。此外，基于文件传输机制，可以衍生出语音消息、视频消息、地理位置共享等多种业务。

3）业务开通和用户配置

由于 RCS 业务配置项繁多，运营商需要通过配置参数对部分业务功能进行控制，如调整漫游时的接入点位置和业务功能等，并且为了提供开机即可用的简单业务体验（如 SMS），使开通和配置体验优于 OTT 应用，RCS 在版本 5 中引入用户自动开户和配置机制。

① 新用户首次注册：自动为用户开户，下发配置。

② 已开通用户更换设备：自动为用户下发配置。

③ 用户更换 SIM 卡：自动为用户开户，下发配置。

④ 配置信息更新：重新下发最新的配置信息。

对于 RCS 业务，由于会在不同接入域下接入，因此对用户感知度和需要终端提供的信息有所不同。使用 HTTP 自动开户和配置机制在不同接入域下的用户感知度见表 3-12。

表 3-12　HTTP 自动开户和配置机制在不同接入域下的用户感知度

终端能否获取用户信息	接入域	要求网元具备的功能	用户感知度
是	PS/Wi-Fi	无	无感知
否	PS	GGSN 具备 HTTP 包头丰富功能，且 ACS 和 GGSN 建立互信关系	无感知
否	Wi-Fi	需要终端向用户获取 MSISDN 和 OTP 验证码	需要用户输入 MSISDN 和 OTP 验证码

4）RCS 安全功能

a. 用户和网络鉴权

对于 RCS 用户来说，当用户首次接入 IMS 时，或更换接入方式与终端 IP 地址时，都应当进行 IMS 鉴权。对于内嵌 RCS 功能的终端，应当使用 IMS AKA 鉴权方式；对于下载软终端，应当使用 SIP Digest 鉴权方式。

b. 用户的重新鉴权

根据 3GPP TS33.203 标准要求，初始注册是必须进行鉴权的。S-CSCF 何时触发重新鉴权由运营商的策略决定。因此，重注册并不一定要鉴权。一条 SIP REGISTER 消息，如果在第一跳的时候没有完整性保护，则应当被认为是初始注册消息。S-CSCF 还应当能够在任何时间发起独立于前次注册的、有认证过程的用户重注册。

对于 RCS 业务来说，用户如果不更换接入方式，则可按照运营商规定的重注册策略执行。如果在前次注册/重注册与本次重注册之间切换了接入方式，如从 Internet APN 切换到 Wi-Fi 下，则需要对该用户进行重新鉴权。

c. 机密性保护

根据 3GPP TS33.203 标准要求，运营商应当为 UE 和 P-CSCF 之间的 SIP 信令消息提供 IMS 规定的机密性保护。运营商应当注意已部署的机密性保护解决方案，以及满足本地隐私法规中机密性要求的漫游协议。

d. 完整性保护

根据 3GPP TS33.203 标准要求，运营商应当为 UE 和 P-CSCF 之间的 SIP 信令提供完整性保护。UE 和 P-CSCF 应当能够协商用于会话的完整性算法，包括用于完整性保护的完整性密钥的安全关联。UE 和 P-CSCF 应当双向验证收到的从拥有一致的完整性密钥的节点发来的数据。该验证也可以用于检测数据是否被篡改。

e. 拓扑隐藏

运营商网络的运营细节是非常敏感的商业信息，通常不愿意被竞争对手知道。因此，在与其他运营商 IMS 互通时，拓扑隐藏是一项必要的功能，包括隐藏 S-CSCF 的数量和能力，以及网络的能力。

3.5.7　5G 消息能力开放的典型应用案例

GSMA 在 RCS 全球统一规范 UP2.0 中引入 MaaP，定位为 RCS 行业消息业务，以 RCS 消息、卡片消息、聊天机器人的方式，使用户在消息窗口中完成搜索、交互、支付等一站式体验，如图 3-51 所示。

相比行业短信"通知即结束"业务形式，5G 消息以 RCS 为入口，深挖运营商核心能力（统一账号、大数据分析等），直连运营商和第三方应用服务生态。

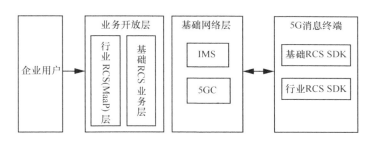

图 3-51　基于 MaaP 的 5G 消息能力开放模式

运营商通过 5G 消息能力开放，为行业用户和他们的用户建立友好、便捷的沟通桥梁和服务通道。行业用户能够为其用户提供更加直观、丰富的信息；其用户可以更方便地对服务进行咨询和反馈，也可以直接在消息窗口内办理业务。行业用户通过统一的标准接口与运营商网络对接，无须为多个平台、多款终端做大量的适配工作，节约了高昂的开发成本和业务拓展成本。

同时，5G 消息向终端厂商提供新的收益获取空间。5G 消息业务在原生终端的消息窗口内实现，用户无须下载 App 即可使用业务。支持 5G 消息的新终端和升级后的存量终端为终端用户带来了更好的消息服务体验，更多的服务收益将产生于消息窗口内，终端厂商将为此获益。5G 消息收发典型应用场景如图 3-52 所示。

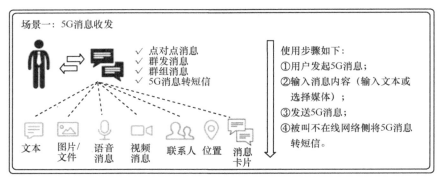

图 3-52　5G 消息收发典型应用场景

| 3.6　5G 边缘计算能力开放 |

3.6.1　概述

边缘计算（Multi-access Edge Computing，MEC）是 5G 时代网络部署与商业模式之一。随着业务由核心网络向边缘下沉趋势，边缘数据处理需求激增，业务对于边缘能力提供愈发迫切。边缘网络由于其部署位置更接近用户，可将核心网网络能力进一步下沉，同时与无线网络能力联动，实现网络能力与边缘能力协同提供。

在全球 ICT 融合大背景下，随着应用的多样化和用户需求的不断增长，用户的服务体验需要端到端的保证，原有的应用和管道隔离发展的模式无法适应用户日益增长的业务需求，特别是低时延、高带宽的业务。如何通过部署在边缘计算开放平台进行应用和管道跨界合作越来越成为业界关注的焦点。

为了满足业界的需求，ETSI 在 2014 年成立了工业标准组织（MEC Industry Specification Group，MECISG）MEC 来进行跨厂商的平台的标准化，并于 2017 年中完成了第一个版本的协议的发布。在第一个版本的研究过程中，ETSI ISG MEC 完成平台需求、参考架构的标准化。标准定义了平台对应用的编排和管理，包括应用上线、下线等生命周期的管理等。基于 RESTful 的设计原则，网络和应用交互的双向 API 的标准化通信机制被设计出来，涵盖了业务的发现、注册、调用、安全等基本功能，也包括了无线网络信息（Radio Network Information，RNI）API、位置 API、用户位置标识 API 等基于移动网络的基本的服务 API。ETSI 标准化的主要工作是把开放平台从移动网络场景扩展到多接入的场景，同时重点解决在实际网络 MEC 部署过程中标准和部署问题，如测试协议制定、合法监听等。

3GPP 一直注重对移动网络服务的时延降低和带宽的节省，网络对 MEC 基础能力的支持体现在对本地分流的支持。3GPP 对本地分流的探索从最初服务家庭基站和小站等特性开始，到 R14 的控制与用户面分离（Control and User Plane Separation，CUPS），已经支持了网关的下移，更好地支持本地业务。在 5G 系统架构讨论中，边缘计算作为 5G 网络架构的原生支持的主要特性目标予以支持，为 5G 的重要演进方向。其定义为：为了降低端到端时延以及回传带宽实现业务应用内容的高效分发，5G 网络架构需要为运营商以及第三方业务应用提供更靠近用户的部署及运营环境。

由于边缘计算所处位置的特殊性，边缘能力开放主要包括以下几类情况。

（1）边缘网络内部能力开放

边缘应用在边缘平台上注册后，可以通过服务管理 API 将自身所能提供的服务在边缘平台注册，也可以通过服务管理 API 获取其他应用所提供的服务。

边缘平台也可将自身平台提供的服务向边缘应用进行开放。

（2）跨网络能力开放

1）边缘能力向全网络开放

边缘计算能力运营平台通过汇聚封装边缘平台或边缘应用所提供的 CT 能力、通用 IT 能力以及垂直行业能力，通过与边缘计算能力开放平台相连，实现边缘能力的全网统一开放。边缘计算能力开放平台作为大网应用的调用入口，支持进行边缘能力调用。

2）边缘调用中心网络能力

边缘计算平台上的 API 网关作为边缘应用的调用入口，支持与边缘能力开放平台相连，代理应用与网络能力开放平台交互完成能力的鉴权和调用。边缘计算能力开放平台在收到边缘计算平台的网络能力 API 调用请求后，通过能力网元接入模块 /NEF/SCEF 交互，实现网络能力的调用执行。

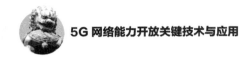

本章节所述的边缘计算能力开放将重点基于边缘调用中心网络能力角度展开，主要包括 5GC 可支持边缘计算能力、5G 无线接入支持边缘计算能力。

3.6.2　5G 边缘计算能力开放的需求场景

（1）移动视频 QoS 优化

目前，LTE 蜂窝网络所承载的视频内容和管道之间缺乏交互性，用户体验很难达到最佳。一方面，由于无线侧信道和空口资源变化较快，难以动态调整应用层（HTTP/DASH）参数以适配无线信道的变化。同样，传统的传输控制协议（Transmission Control Plane，TCP）拥塞控制策略是针对有线环境设计的，也不能准确适应无线信道的变化。另一方面，eNB 对应用层内容不可知，无法为不同类型的业务动态进行无线资源的调度，也不能为同一类型业务的不同用户提供差异化的QoS，例如，eNB 为每个在线视频用户分配相同的服务质量类别标识（QoS Class Identifier，QCI）、最大比特速率（Maximum Bits Rate，MBR）和保障比特速率（Guaranteed Bits Rate，GBR）。

MEC 平台可以通过北向接口获取互联网公司越过运营商（Over the Top，OTT）视频业务的应用层及 TCP 层信息，也可以通过南向接口获取 RAN 侧无线信道等信息进一步通过双向跨层优化并提升用户的感知体验，从而实现运营商管道的智能化，如图 3-53 所示。

（2）移动 CDN 下沉

当前移动网的 CDN 系统一般部署在省互联网数据中心（Internet Data Center，IDC）机房，并非运行于移动网络内部，离移动用户较远，且需要占用大量的移动回传带宽，服务的"就近"程度尚不足以满足对时延和带宽更敏感的移动业务场景。如图 3-54 所示，运营商可以在 MEC 平台内部部署边缘 CDN 系统，OTT 以基础设施即服务（Infrastructure as a Service，IaaS）的方式租用边缘服务器节点存储自身的业务内容，并在自有的全局 DNS 系统将服务指向边缘 CDN 节点。

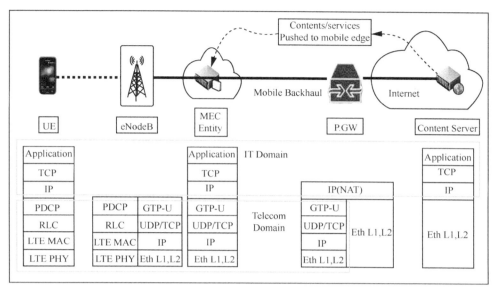

图 3-53 移动视频 QoS 优化方案

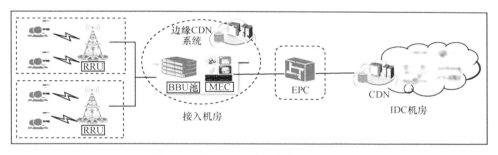

图 3-54 基于 MEC 实现移动 CDN 下沉

（3）虚拟现实直播

大型的电竞、球赛、F1 赛车、演唱会等直播场景，用户对时延及沉浸式体验有较高的要求。如图 3-55 所示，MEC 平台可实现虚拟现实（Virtual Reality，VR）视频源的本地映射和分发，为观众提供高品质的 VR 视频体验。并可通过多角度全景摄像头为观众带来独特的视角体验。例如，距离球场较远位置的球迷可以通过实时 VR 体验坐在 VIP 位置的观看感觉。另外，MEC 的低时延、高带宽优势可避免在观看 VR 时因带宽和时延受限带来的眩晕感，并且可减少对回传资源的消耗。

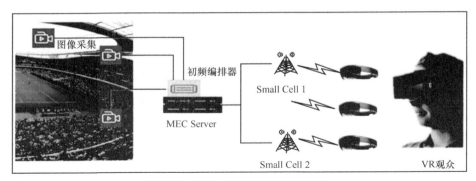

图 3-55　基于 MEC 平台实现 VR 直播

（4）增强现实

现有的增强现实（Augmented Reality，AR）解决方案中，用户需先下载安装 App 来进行 AR 的体验，但手机的内存、电量和存储容量局限了 AR 的发展。如图 3-56 所示，MEC 平台通过网络数据（如 RAN 侧反馈的位置信息）确定用户位置，利用本地 AR 服务器提供实时的 AR 内容匹配计算和推送，实现本地实景和 AR 内容频道实时聚合，带给客户全新的独特用户体验。此外，我们通过本地位置相关的 AR 内容的快速灵活部署和发现，构成 MEC 全新的就近内容提供和广告商业模式。

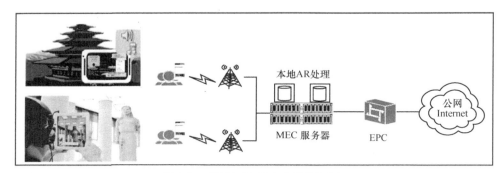

图 3-56　基于 MEC 平台实现增强现实

（5）视频监控与智能分析

视频监控的回传流量通常比较大，但是大部分画面是静止不动或没有价值的。如图 3-57 所示，通过 MEC 平台对视频内容进行分析和处理，回传监控画面有变化的事件和视频片段，并且把大量的、价值不高的监控内容就地保存在 MEC 服务器上，从而节省传输资源，可有效地应用于车牌检测、防盗监控、机场安保等场景。

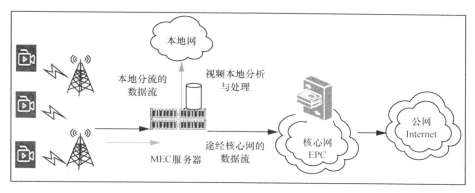

图 3-57　基于 MEC 平台实现视频监控与智能分析

（6）车联网应用

5G 网络对 uRLLC 场景下车联网（Vertical-to-Everything，V2X）的远程车检与控制时延要求为 20ms，对自动驾驶的时延要求为 5ms，边缘计算是 5G 网络中降低时延的使能技术。如图 3-58 所示，LTE 蜂窝网络和 MEC 车联平台的本地计算，在紧急情况时下发告警等辅助驾驶信息给车载单元，相比现有网络时延，车到车时延可降低至 20ms 以内，大幅度减少车主反应时间，对挽救生命和减少财产损失具有重要的现实意义。此外，MEC 车联平台还可实现路径优化分析、行车与停车引导、安全辅助信息推送和区域车辆服务指引等技术。

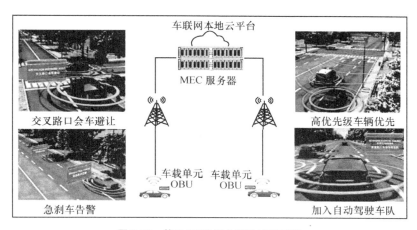

图 3-58　基于 MEC 平台实现 V2X 应用

（7）工业控制

移动互联网的迅猛发展促使工业园区对无线通信的要求越来越强烈，目前多数厂区/园区通过 Wi-Fi 实现无线接入。但 Wi-Fi 无法在安全认证、抗干扰、信道利用率、QoS、业务连续性等方面保障，难以满足工业需求。如图 3-59 所示，结合蜂窝网络和 MEC 本地工业云平台，可在工业 4.0 时代实现机器和设备相关生产数据的实时分析处理和本地分流，实现生产自动化，提升生产效率。由于无须经传统核心网，MEC 平台可对采集到的数据进行本地实时处理和反馈，具有可靠性好、安全性高、时延短、带宽大等优势。

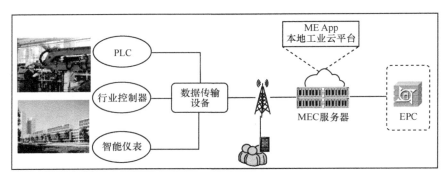

图 3-59 基于 MEC 平台实现工业控制

3.6.3 5G 边缘计算能力介绍

边缘计算向中心网调用 5G 网络能力主要依托于 MEC 平台实现。MEC 平台封装将共性常用的 IT 能力和电信网络 CT 能力供给边缘应用调取，边缘计算平台 CT&IT 能力统一开放参考目标架构如图 3-60 所示，实现计算和联接能力的下沉，支持低时延、大带宽、高安全的边缘响应。

（1）边缘使能层

面向电信网络，允许运营商按照 3GPP 标准公开网络信息，以支持边缘应用，例如，影响 AF 流量、UPF 重选、QoS 等，提供了行业标准 API，这些 API 被应用程序使能层调用。边缘使能层类似核心电信网络的"API 网关"。

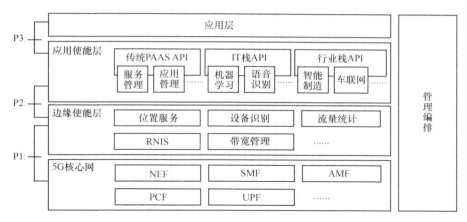

图 3-60　边缘计算平台 CT&IT 能力统一开放参考目标架构

（2）应用使能层

位于边缘使能层和边缘应用程序开发人员之间。它支持边缘应用程序和服务，边缘节点上的生命周期管理，将边缘节点连接到云数据中心，并允许边缘应用程序与云断开连接而暂时运行，通常应用使能层可以包括三类 API：

① 通用 PaaS 层 API 是应用程序管理，服务管理；

② IT 通用技术功能栈 API，例如，物联网、机器学习、语音分析等；

③ 垂直域边缘堆栈 API，例如，游戏、AR/VR、视频流、车联网。

边缘计算能力可分类角度较多、涵盖角度较广，本章节所述的边缘计算将重点基于 5G 网络（CT）可支持边缘计算能力即图 3-61 中边缘使能层所提供的能力开放角度展开，基于 MEC 与 5G 网络的协同提供的能力主要包括 5GC 可支持边缘计算能力、5G 无线接入支持边缘计算能力。

5GC 可支持边缘计算的能力主要包括：

① 本地路由，5GC 选择 UPF 引导用户流量到本地数据网络；

② 流量加速，5GC 选择需引导至本地数据网络中应用功能的业务流量；

③ 支持会话和业务连续性；

④ 支持用户和应用的移动性要求；

⑤ 支持 QoS 与计费等。

上述能力具体可参考本章 3.3 节，MEC 作为 AF 通过 NEF 调用 5GC 网络能力。

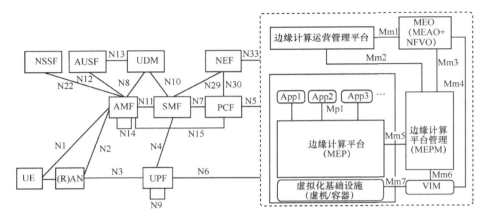

图 3-61　与 5GC 交互系统架构

5G 无线接入支持边缘计算的能力主要包括：

① 对第三方开放无线侧用户位置信息；

② 无线网络条件；

③ 小区/用户/承载带宽信息；

④ WLAN 接入/固定接入信息等。

除电信网络 CT 能力供给边缘应用调取外，边缘网络还可提供封装将共性常用的 IT 能力，主要包括 PaaS 能力（例如，API 管理等）、IaaS 能力（例如，计算存储能力）、增值业务能力（例如，语音分析、视频渲染等）等。

3.6.4　5G 边缘计算能力开放的架构及主要网元

本节将重点基于 MEC 与 5GS（CT）协同交互，通过 5GS 可支持边缘计算能力开放角度展开介绍。3GPP 5G 网络架构在设计之初就从 5G 网络业务需求以及网络架构演进趋势的角度出发支持边缘计算。5G 核心网支持控制面与用户面分离，用户面网元 UPF 可以灵活地下沉部署到网络边缘，而策略控制 PCF 以及会话管理 SMF 等控制面功能可以集中部署。

在图 3-61 的 5G 网络与 MEC 的关系中，对于 5GC 用户面来说，MEC 相当于 DN（Data Network，数据网络）；对于 5GC 控制面而言，MEC 相当于可信 AF 或第三方应用系统。UPF 实现 5G 边缘计算的数据面功能，边缘计算平台系统为边缘应用提供运行环境并实现对边缘应用的管理。根据具体的应用场景，UPF 和边缘计算平台可以分开部署，也可以一体化部署。5G 核心网 SMF 选择靠近终端的 UPF，实现本地路由建立和数据分流；5G 本地分流方式包括 UL-CL（Uplink Classifier）方式和 Branching Point 方式。5G 边缘计算还支持本地数据网络（Local Area Data Network，LADN）本地接入方式。PCF 为本地数据提供 QoS 控制策略和计费策略。不同会话及业务连续性（Session and Service Continuity，SSC）模式的引入，满足应用的业务连续性需求；边缘计算平台或者平台系统作为 AF 通过 PCF 或 NEF 影响 UPF 路径的选择和重选。

与边缘计算相关的主要功能实体如下。

① DN：位于不同位置的数据网络，边缘侧的 DN 可以理解成边缘计算节点的一部分。

② AMF：接入和移动性管理功能。

③ SMF：5G 会话管理功能。

④ UPF：5G 网络中的用户面功能。

⑤ PCF：策略控制功能。

⑥ NEF：网络开放功能。

MEP 边缘计算平台支持运营商自有业务或第三方应用在移动网络边缘的灵活部署，平台基于虚拟化技术实现，兼容 ETSI MEC 规范要求，提供统一北向 API。5G 核心网可通过 PCF/NEF/UPF 向边缘计算平台开放网络信息，供应用 App 调用。

基于不同的应用场景，MEC 能力开放提供了两种能力的调用方式。一种是面向边缘应用，部署在边缘的 App 可以通过 MEP（MEC Platform，MEC 平台）调用 MEC 网络协同子系统提供的能力；另一种是直接面向系统级平台或第三方应用，或者直接面向第三方应用平台（当应用在多个边缘 MEC 平台上部署时，如 vCDN 业务，此时可以由 CDN 业务调度平台发起网络能力调用）。

3.6.5　5G 边缘计算能力开放的主要接口

如图 3-60 所示，边缘计算能力开放涉及的与 5GC 交互的能力开放接口主要包括以下内容。

（1）边缘计算平台北向接口

MEC 作为 AF，通过复用 N33 接口与 NEF 进行交互调用 5GC 网络能力。N33 接口遵循 3GPP 标准 TS29.522，接口协议为 HTTP/HTTPS+JSON。

（2）边缘计算平台南向接口

1）N5 接口

MEC 作为可信 AF，通过 N5 接口与 PCF 进行交互。N5 接口遵循 3GPP 标准 TS 29.514，接口协议为 HTTP/2 + JSON。

2）N6 接口

N6 接口是 UPF 与边缘计算平台之间的接口。作为 DN 5G 边缘计算平台系统通过 N6 接口与 UPF 相互传递数据。N6 接口遵从 3GPP 标准 TS29.561。在特定场景下，例如，企业专用 MEC 访问，N6 接口要求支持专线或 L2/L3 层隧道。

3.6.6　5G 边缘计算能力开放的关键技术及业务流程

（1）位置订阅

MEC 作为 AF，可以通过能力开放平台 NEF 向 AMF 报告 UE 的当前位置或者最后感知的位置信息，对于订阅当前的位置信息 AF 可以一次订阅或者连续订阅。对于连续性报告，服务网元可以在每次 UE 的位置改变时均上报一次当前的位置信息。可接受的位置粒度是小区粒度、位置区粒度或者其他的格式，比如形状（三角形、圆形等）或者城市地址信息（街道、街区等）。这些位置区等可以由 NEF 映射。一次性报告可以支持最后感知的位置信息。

（2）用户面事件订阅

以下条件满足其一时，可触发 SMF 向 AF 发送一个通知订阅消息：

① AF 订阅了用户面管理通知事件；

② AF 签约请求中的 PDU 会话锚点建立或者释放；

③ AF 通知的条件满足时（如 DNAI 改变）；

④ SMF 收到了为 AF 订阅事件的请求并且正在进行的 PDU 会话满足通知 AF 的条件；

⑤ SMF 通过 NEF 向 AF 或者直接向 AF 发送通知（无须通过 PCF）。

（3）AF 影响用户面路由

AF 影响用户面路由需要考虑如下两种场景。

① 通过 UE 地址 AF 请求定位到单个 UE；使用 BSF，这些请求被路由到单个 PCF。

② AF 请求定位到一组 UE 与任何接入 DNN 与 S-NSSAI 的组合，并由 GPSI 标识目标 UE。这些 AF 请求可以影响建立 PDU 会话的 UE。对于这种请求，AF 可以联系 NEF，并且 NEF 在 UDR 中保存 AF 请求。如果 PCF 订阅了创建、修改、删除 AF 请求，那么，PCF 会接收到相应的通知。

如果 AF 通过 NEF 与 PCF 交互，NEF 执行下列映射：

① 由本地配置决定，AF-Service-Identifier 映射到 DNN 与 S-NSSAI 的组合；

② 由本地配置决定，AF-Service-Identifier 映射到 DNAI 与路由信息标识列表；

③ DNAI 被应用静态定义时，NEF 仅能够提供这种映射；

④ 根据从 UDM 接收到的信息，目标 UE 标识中的 GPSI 映射到 SUPI；

⑤ 根据从 UDM 接收到的信息，目标 UE 标识中的外部群组标识映射到内部群组标识；

⑥ 根据本地配置，地理区域标识映射到合法区域。

下面将针对边缘计算能力开放的关键业务流程进行介绍。

1）位置订阅流程

位置订阅流程如图 3-62 所示。

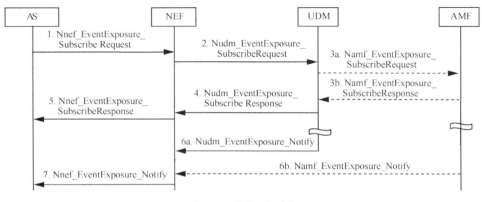

图 3-62 位置订阅流程

位置订阅的具体流程介绍如下。

① AS 可以发送 Nnef_EventExposure_Subscribe 订阅位置上报的事件，报告选项定义报告请求的类型（一次报告、周期性报告或者基于事件的报告），如果 NEF 授权了该订阅位置上报事件，NEF 记录事件触发与请求标识的对应关系。

② NEF 通过 Nudm_EventExposure_Subscribe Request 向 UDM 订阅接收到的事件。如果 UDM 授权了该事件，UDM/AMF 记录事件触发与请求标识的对应关系，否则，UDM 执行步骤 4 指示失败。

③ 3a.UDM 通过向 AMF 发送 Namf_EventExposure_Subscribe 请求 AMF 上报位置信息。

④ 3b.AMF 确认执行 Namf_EventExposure_Subscribe。

⑤ UDM 确认执行 Nudm_EventExposure_Subscribe。

⑥ NEF 向 AF 确认执行 Nnef_EventExposure_Subscribe。

⑦ AMF 探测到 UE 的位置信息，向 NEF 发送位置上报信息。

⑧ NEF 通过 Namf_EventExposure_Notify 向 AS 转发收到的上报的位置信息。

2）用户面事件订阅流程

用户面事件订阅流程如图 3-63 所示，订阅流程如下。

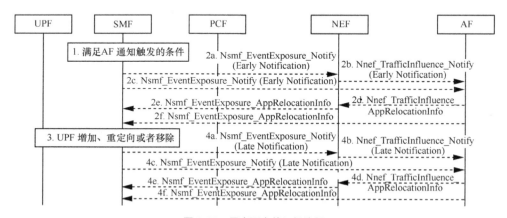

图 3-63　用户面事件订阅流程

① AF 通知的条件满足时，比如 DNAI 改变或者 AF 签约请求的 PDU 会话锚点建立或释放等，SMF 向订阅 SMF 通知的 NF 发送通知消息。后续的处理取决于

订阅的 NF，分为通过 NEF 的通知（2a）和不通过 NEF 的直接通知（2c）。

② 2a.如果 AF 通过 NEF 请求了早通知，SMF 通过调用 Nsmf_EventExposure_Notify Service Operation 通知 NEF 该 PDU 会话的目标 DNAI。

③ 2b.当 NEF 接收 Nsmf_EventExposure_Notify，NEF 执行信息映射（例如，AF 事务内部标识到 AF 事务标识，SUPI 到 GPSI 等），并且触发合适的 Nnef_TrafficInfluence_Notify 消息。

④ 2c.如果 AF 请求了直接早通知，SMF 调用 Nsmf_EventExposure_Notify Service Operation 向 AF 通知 PDU 会话的目标的 DNAI。

⑤ 2d.如果 AF 接收了步骤 2a 中的消息，则 AF 立即或在新 DN 中的任何应用重定位完成后调用 Nnef_TrafficInfluence_AppRelocationInfo 服务操作并回复 Nnef_TrafficInfluence_Notify。AF 包括与新 PSA 相对应的 N6 流量路由详细信息。AF 也可以回复负面响应，比如，AF 确定无法成功完成应用程序重定位。

⑥ 2e.当 NEF 接收到 Nnef_TrafficInfluence_AppRelocationInfo，NEF 触发合适的 Nsmf_EventExposure_AppRelocationInfo 消息。

⑦ 2f.如果 AF 接收到 2c 步骤中的消息，AF 立即或者在新 DN 中的任何应用重定位完成后调用 Nsmf_EventExposure_AppRelocationInfo Service 服务操作并回复 Nsmf_EventExposure_Notify。AF 包括与新的 PSA 相应的 N6 数据流路由细节。AF 可以回复负面的响应，比如，AF 确定无法成功完成应用程序重定位。

⑧ SMF 执行 DNAI 改变或者增加、改变和移除 UPF。

如果 5GC 与 AF 之间基于本地配置运行协调时间，SMF 决定不立即对目标 DNAI 激活新 UP 路径，并且等待从 AF 的响应。在这种情况下，SMF 需要在切换 UP 路径到新的 UPF 之后发送时延通知。SMF 也需要等待从 AF 到激活新的 UP 路径的正响应。

⑨ 4a.如果 AF 请求通过 NEF 的时延通知，则 SMF 通过调用 Nsmf_ EventExposure_Notify 服务操作向 NEF 通知 PDU 会话的所选目标 DNAI。

如果基于本地配置启用 5GC 和 AF 之间的运行时协调，则 SMF 可以决定不立即激活朝向目标 DNAI 的新 UP 路径，并等待 AF 的响应。在这种情况下，SMF 需要在将 UP 路径切换到新 UPF（PSA）之前发送时延通知。SMF 还需要等待 AF 的正响应以激活新的 UP 路径。

⑩ 4b.当 NEF 接收到 Nsmf_EventExposure_Notify，NEF 执行信息映射（比如，通知关联 ID 中的 AF 事务内部 ID 到 AF 事务 ID，SUPI 到 GPSI 等），并且触发合适的 Nnef_EventExposure_Notify 消息。

⑪ 4c.如果 AF 请求了时延直接通知，SMF 通知 AF 选择的目标 DNAI。

⑫ 4d.AF 立即或在新 DN 中的任何所需应用重定位完成后通过调用 Nnef_TrafficInfluence_AppRelocationInfo 服务操作来回复 Nnef_TrafficInfluence_Notify。AF 包括与新 PSA 相对应的 N6 流量路由详细信息。失败时 AF 也可以回复，例如，如果 AF 确定无法成功完成应用重定位。

⑬ 4e.当 NEF 接收到 Nnef_TrafficInfluence_AppRelocationInfo，NEF 触发合适的 Nsmf_EventExposure_AppRelocationInfo 消息。

⑭ 4f.AF 立即或在新 DN 中的任何所需应用重定位完成后通过调用 Nsmf_EventExposure_AppRelocationInfo 服务操作来回复 Nsmf_EventExposure_Notify。AF 包括与新 PSA 相对应的 N6 流量路由详细信息。失败时，AF 也可以回复。例如，如果 AF 确定无法成功完成应用重定位。

3）影响用户面路由流程

（4）AF 请求影响不能用 UE 地址识别的会话的路由

该流程针对的是业务维度或业务+用户维度的策略预配置场景，在应用开通或部署时触发相关的路由策略配置并将策略信息存放在 UDR（PCF BE）中。AF 影响用户面路由（不带 UE 地址）如图 3-64 所示，具体流程如下。

① 为了创建一个新的请求，AF 调用 Nnef_TrafficInfluence_Create 服务操作。请求消息包含一个 AF 事务标识。如果它订阅了与 PDU 会话有关的事件，AF 也指示它希望从哪里接收相应的通知（AF 通知报告信息）。为了更新或者移除一个存在的请求，AF 调用 Nnef_TrafficInfluence_Update or Nnef_TrafficInfluence_Delete Service 操作提供相应的 AF 事件标识。

② AF 发送请求到 NEF。如果 AF 直接发送请求到 PCF，通过配置或者调用 Nbsf_Management_Discovery 服务，AF 到达选择的 PCF。

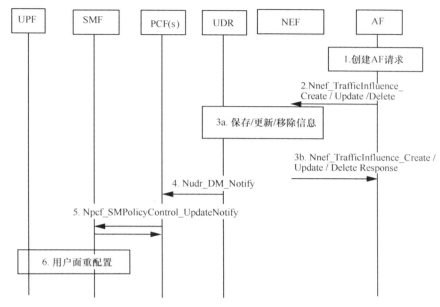

图 3-64　AF 影响用户面路由（不带 UE 地址）

　　NEF 保证必要的授权控制，包括丢弃 AF 请求并且 AF 提供的信息到 5GC 的信息的映射。

　　③（当 Nnef_TrafficInfluence_Create or Update）：NEF 在 UDR 中保存 AF 请求信息。

　　（当 Nnef_TrafficInfluence_Delete）：NEF 删除 UDR 中的 AF 需求。

　　④ 订阅或者修改 AF 请求的 PCF 从 UDR 中接收数据改变的通知 Nudr_DM_Notify Notification。

　　⑤ PCF 决定存在的 PDU 会话是否被 AF 请求潜在影响。对于受影响的每一个 PDU 会话，PCF 通过调用 Npcf_SMPolicyControl_UpdateNotify 更新 SMF 的 PCC 规则。如果 AF 请求包括用于 UP 路径改变的通知报告请求，则 PCF 在 PCC 规则中包括报告事件所需的信息，包括指向 NEF 或 AF 的通知目标地址和 AF 内部交易 ID。

　　⑥ 当从 PCF 接收到 PCC 规则，SMF 可以采取相应的措施重配置用户面，例如：

　　• 增加、代替或者移除 UPF，比如 UL CL 或者分流点；

　　• 为 UE 分配一个新的前缀；

- 采用新的数据流导引规则，在目标 DNAI 中更新 UPF；
- 通过Namf_EventExposure_Subscribe服务操作订阅AMF关于兴趣区域的通知。

（5）AF 请求针对特定的 UE 地址的会话路由

该流程针对的场景是业务+用户维度的动态策略下发流程，AF 针对特定用户下发路由策略，实时触发网络实施用户面路由的选择或重选；该场景下，AF 需事先获得 UE 的 IP 地址。

AF 影响用户面路由的具体流程如图 3-65 所示。

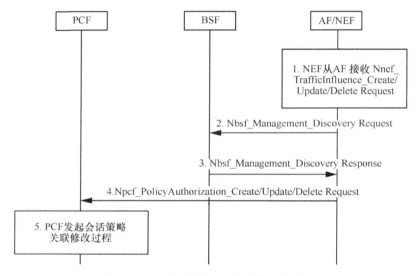

图 3-65　AF 影响用户面路由（带 UE 地址）

① 如果 AF 通过 NEF 发送 AF 请求消息，AF 针对特定 UE 发送 Nnef_TrafficInfluenceCreate/Update/Delete 请求到 NEF。该请求消息影响目标 UE 的路由。

当 NEF 从 AF 接收到 AF 请求，NEF 确定必要的授权控制，并且将 AF 提供的信息映射到 5GC 需要的信息。NEF 向 AF 发送响应。

② 如果 NEF 上不能获取 PCF，AF/NEF 消费 Nbsf_Management_Discovery 服务操作寻找相关 PCF 的地址。

③ BSF 向 AF/NEF 的 Nbsf_Management_Discovery 响应消息提供 PCF 地址。

④ 如果步骤 1 执行，NEF 向 PCF 调用 Npcf_PolicyAuthorization Service 服务传

输 AF 请求。如果 AF 直接向 PCF 发送 AF 请求，AF 调用 Npcf_PolicyAuthorization Sservice 并且 PCF 向 AF 发送响应消息。

⑤ PCF 更新 SMF 的 PCC 规则。当从 PCF 接收到 PCC 规则时，SMF 采取相应的措施重配置 PDU 会话的用户面，比如：

- 增加、代替或者移除数据路由中的 UPF，如 UL CL、分流点、和/或、PDU 会话锚点；
- 向 UE 分配新的前缀；
- 针对目标的 DNAI 更新 UPF 设备；
- 通过Namf_EventExposure_Subscribe服务操作订阅AMF关于兴趣区域的通知。

3.6.7　5G 边缘计算能力开放的典型应用方案

（1）无线网络能力应用

边缘计算平台可以通过北向接口获取第三方视频业务的应用层及 TCP 层信息，通过南向接口获取无线接入侧无线信道质量、位置信息等，进一步通过双向跨层优化来提升用户的感知体验，从而实现运营商网络质量智能化联调，如图 3-66 所示。

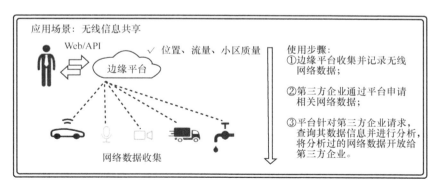

图 3-66　无线网络能力应用

（2）核心网络相关能力应用

边缘计算平台可与云化核心网能力开放层 NEF 协同联动，获取核心网的分流规则、QoS 策略、计费策略等对第三方开放，如图 3-67 所示。

分流规则：边缘计算平台通过开放接口在线配置分流规则，可以实现动态的业务分流。例如，景区本地导游应用，可以针对开通业务的用户实时分配特定的本地分流规则。

QoS 策略：边缘计算平台通过开放接口申请不同的 QoS 策略和带宽参数，如实时游戏，VR/AR 类业务申请更好的 QoS 保障。

计费策略：边缘计算平台通过开放接口灵活实现计费策略控制，如新业务、新游戏、App 等初始上线期间通过流量免费吸引用户。

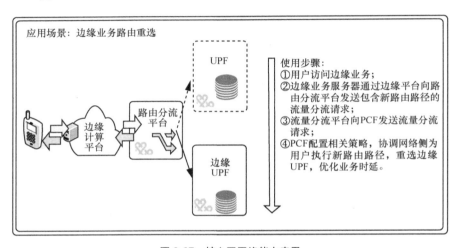

图 3-67　核心网网络能力应用

| 3.7　5G 切片能力开放 |

3.7.1　概述

5G 时代，移动通信技术成为社会数字化发展的强力催化剂，移动通信进一步发展并触及各种垂直行业，如自动驾驶、制造业、能源行业等，并持续在金融业、健康护理等目前移动通信已涉及的行业进一步深入发挥作用。移动通信网络潜力的进一步挖掘取决于这些垂直行业提出的多样化的业务需求。

但业务需求的多样性同样为运营商带来了巨大的挑战，如果运营商遵循传统网络的建设思路，仅通过一张网络来满足这些彼此之间差异巨大的业务需求，那么对于运营商来说将是一笔成本巨大同时效率低下的投资。基于这样的需求，网络切片技术应运而生，通过网络切片，使得运营商能够在一个通用的物理平台之上构建多个专用的、虚拟化的、互相隔离的逻辑网络，来满足不同用户对网络能力的不同要求。

由此，通过基于 5G 服务化架构的网络切片技术，运营商将能够最大程度地提升网络对外部环境、用户需求、业务场景的适应性，提升网络资源使用效率，最优化运营商的网络建设投资，构建灵活和敏捷的 5G 网络。

作为达成"网络与应用结合"的关键技术手段，5G 能力开放与 5G 网络切片的结合为 5G 网络在垂直行业应用等方面带来了诸多便利。

① 管理运维自动化：借助 NEF 提供的网络实时运行信息，提高网络切片在切片设计、部署使能、重配置、故障检测与修复方面的自动化程度。

② 网络能力可编排：将网络能力原子化，使网络能力能够灵活地嵌入行业业务流程，满足不同用户的多样化需求。

③ 网络能力按需开放：通过 NEF 向行业客户开放安全、可控的业务与数据接口。

④ 行业集成：根据行业客户的需求，将行业用户提供的某些基础网络能力集成到网络中，从而嵌入终端用户业务流程中。

3.7.2　5G 切片能力开放的需求场景

运营商通过对网络切片能力进行抽象，可以开放切片订购、切片创建、切片签约以及切片监控等开放能力 API，供第三方通过能力调用的方式完成切片快速定义、创建以及面向终端用户的切片动态签约与应用。

在用户创建切片时，电信网络/运营商需要提供一定的交互方式以保证用户可以指定其所需的切片信息，如切片类型信息、切片业务信息、接入用户信息、业务信息、QoS 指标（速率、端到端时延）、安全性要求等。

切片监控能力则要求能力开放系统能够向切片管理系统提供切片运行状态、切片用户信息、服务质量等信息。切片监控能够实时监控网络运行状态，进行自适应的生命周期管理（如扩缩容）和负载均衡；能够实时感知用户的 QoS 和 QoE，进行针对性的配置调整，更好地满足用户需求，提升业务感受；对于网络发生的故障，能力开放系统也能向切片管理系统进行报告。

3.7.3　5G 切片能力介绍

本节主要包括通过 API 开放的 5G 切片能力。5G 切片能力开放通过 CSMF 实现，除通过可视化界面的需求上报外，以下属性可使用 API 实现相应能力的开放。

① 性能预测：定义允许移动系统预测网络和服务状态的能力的属性。

② 定位支持：描述定位功能是否由网络切片提供，包含切片提供的定位方法的列表及描述提供位置信息的频率的参数。

③ 根本原因调查：面向客户提供的用于了解或调查网络服务性能下降或失败的根本原因的能力，仅用于查询并不提供解决方案。

④ 切片管理开放：描述了切片客户管理其用户或用户组的网络服务以及相应要求的能力。

下面将基于上述 4 种 5G 切片能力进行详细介绍。

（1）性能预测

性能预测属性定义了允许移动系统预测网络和服务状态的能力。可以为各种关键质量指标（Key Quality Indicator，KQI）和关键绩效指标实现可预测的服务质量。KQI 反映了端到端服务的性能和质量，而 KPI 反映了网络的性能。预测是在未来的特定时间点和特定地理位置进行的。

预测 QoS 是一项重要功能，运营商可以提前通知服务质量下降，可以将预测 QoS 应用于各种 KPI，例如，服务区域、吞吐量、时延以及 KQI。性能预测可以通过不同的方式实现。

① 主动预测：网络主动将预测值通知切片用户和/或终端。或者仅在预测的 KPI 或 KQI 值超过定义的阈值的情况下通知切片用户和/或终端。主动预测通过回调方

式主动通知订购该能力的切片用户。

② 被动预测：切片用户和/或终端通过网络提供的 API 向网络请求预测结果，例如，针对某个地理位置和将来某个时间的 KPI 预测。

预测（请求和答复）始终与将来的时间点和地理位置相关联。网络切片提供给终端和/或客户的预测（预测答复）应始终与置信区间相关联，以给出有关预测可靠性的想法。可靠性取决于许多参数，例如，预测哪个 KPI、提前查看等。

（2）定位支持

该属性描述网络切片是否提供地理定位方法或支持方法。

通常，不同的定位方法可分为精确定位、基于蜂窝的定位和基于新空口（NR）的定位。蜂窝定位指其通过蜂窝网络确定终端位置的定位方法，可以使用以下蜂窝定位技术。

① 小区 ID（Cell ID，CID）定位：是利用有关特定用户服务小区的蜂窝系统知识的基本方法；因此用户位置区域与服务 CID 相关联。

② 增强型小区 ID（Enhanced Cell-ID，E-CID）定位：是由 UE 协助的基于网络的定位方法。此方法利用 CID、多个小区的射频 RF 测量、定时提前和到达角（Angle-of-Arrival，AoA）测量。

③ 观测到的到达时差（Observed Time Difference of Arrival，OTDOA）定位：是基于参考信号时差（RSTD）测量的 UE 辅助方法，该测量是对从多个位置接收的下行链路定位参考信号进行的，其中用户位置是通过多次更改计算的。

④ RF 指纹识别定位：是一种通过将从 UE 获得的 RF 测量值映射到 RF 图上来找到用户位置的方法，其中该图通常基于详细的 RF 预测或站点调查结果。

⑤ 自适应增强小区身份（AECID）定位：是一种通过扩展使用的无线电属性数量来增强 RF 指纹识别性能的方法，其中，除了接收信号强度外，至少还可以使用 CID、定时提前、RSTD 和 AoA，并通过收集高精度的 OTDOA 和基站辅助定位位置（并标有已测量的无线特性）自动建立相应的数据库。

（3）根本原因调查

根本原因调查是面向切片用户提供的用于了解或调查网络服务性能下降或失败的根本原因的能力。该属性仅用于调查问题，不提供任何解决问题的方法。

根本原因调查分为被动调查和主动调查。

① 在被动调查中，如果网络切片出现问题，运营商则会将网络服务性能下降或故障的根本原因告知切片用户。

② 在主动调查中，如果网络中出现问题，则切片用户可以主动发起调查（例如，调用不同技术领域的日志文件），以了解问题出现在哪里，而不仅仅是告知切片用户是不是出了问题的 API。

（4）用户管理

用户管理开放属性描述了切片用户管理其用户或用户组的网络服务以及相应要求的能力。例如，如果切片用户 A 订购了一个能够支持 A 的需求的 X 个用户的网络切片，那么 A 应该能够决定 X 个用户中哪些用户可以使用该网络切片。因此，A 可以在添加、修改或删除用户方面管理用户，以接收由特定网络切片提供的网络服务。

3.7.4 5G 切片能力开放架构

5G 端到端网络切片是指将网络资源灵活分配，网络能力按需组合，基于一个 5G 网络虚拟出多个具备不同特性的逻辑子网。每个端到端切片均由核心网、无线网、承载网子切片组合而成，并通过端到端切片管理系统进行统一管理。5G 切片能力开放网络架构如图 3-68 所示。

为了实现网络切片的管理和能力开放，5G 网络中提供了网络切片相关的管理功能，包括通信服务管理功能（Communication Service Management Function，CSMF）、网络切片管理功能（Network Slice Management Function,，NSMF）和网络切片子网管理功能（Network Slice Subnet Management Function，NSSMF），具体功能如下。

① CSMF：通信服务管理功能，完成用户业务通信服务的需求订购和处理，将通信服务需求转换为对 NSMF 的网络切片需求。提供面向客户的 API 开放。

② NSMF：网络切片管理功能，接收从 CSMF 下发的网络切片部署请求，将网络切片的 SLA 需求分解为网络切片子网的 SLA 需求，向 NSSMF 下发网络切片子网部署请求。

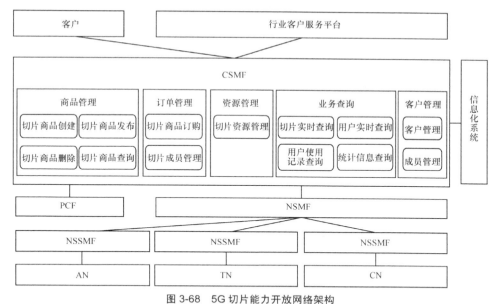

图 3-68　5G 切片能力开放网络架构

③ NSSMF：网络切片子网管理功能按照专业领域分为无线 NSSMF、传输 NSSMF 和核心网 NSSMF。各领域 NSSMF 接收从 NSMF 下发的网络切片子网部署需求，将网络切片子网的 SLA 需求转换为网元业务参数并下发给网元。对于核心网领域，将网络切片子网的资源需求转换为网络服务，向 NFV 的 NFVO 系统下发网络服务的部署请求。

3.7.5　5G 切片能力开放涉及的网元及功能

（1）终端（UE）

UE 支持存储并识别网络下发的 UE 路由选择策略（UE Route Selection Policy，URSP），并根据 URSP 规则进行切片选择，必选支持以 DNN 进行网络切片选择，推荐支持基于 IP 三元组、App ID、全限定域名（Fully Qualified Domain Name，FQDN）完成业务和对应单个网络切片选择辅助信息标识（Single Network Slice Selection Assistance Information，S-NSSAI）的绑定，对协议数据单元（Protocol Data Unit，PDU）会话进行相应配置。并满足以下网络切片相关功能要求。

① 具备同时接入至少两个网络切片的能力。

② 支持网络切片选择功能，支持在 RRC 层和 NAS 层携带网络切片选择辅助信息标识（Network Slicing Selection Assistant Information，NSSAI）。

（2）NSSF

NSSF 支持以下功能：

① 选择为 UE 服务的网络切片实例集合；

② 确定允许的 NSSAI，如果需要，还包括订阅的 S-NSSAI 的映射；

③ 确定为 UE 服务的 AMF 集合，或者基于配置信息可以通过查询 NRF 确定候选 AMF 列表；

④ 支持网络切片可用性服务。

（3）CSMF

CSMF 支持用户对于订购网络切片商品并可以从 CSMF 进行网络切片商品订单的管理，是实现 5G 切片能力开放的核心网元。同时可以监控 CSMF 对于已订购的网络切片，满足用户对于网络切片产品管理的需求。

CSMF 完成用户业务通信服务的需求订购和处理，将通信服务需求转换为对 NSMF 的网络切片需求，提供面向用户的 API 开放。

（4）NSMF

NSMF 接收从 CSMF 下发的网络切片部署请求，将网络切片的 SLA 需求分解为网络切片子网的 SLA 需求，向 NSSMF 下发网络切片子网部署请求。

NSMF 主要支持以下功能：

① 切片模板管理；

② 切片模板设计；

③ 切片生命周期管理；

④ 子切片管理功能（Network Slice Subnet Management Function，NSSMF）接入管理；

⑤ 切片资源管理；

⑥ 切片性能管理；

⑦ 切片故障管理；

⑧ 切片策略管理；

⑨ 切片服务级别（Service Level Agreement，SLA）管理；

⑩ 切片数据开放。

（5）NSSMF

NSSMF 按照专业领域分为 AN-NSSMF、TN-NSSMF 和 CN-NSSMF。各领域 NSSMF 接收从 NSMF 下发的网络切片子网部署需求，并将网络切片子网的 SLA 需求转换为网元业务参数并下发给网元。

1）AN-NSSMF

无线切片管理 AN-NSSMF 是 3GPP 定义的切片管理系统的一个子模块，完成对无线网元的切片管理和控制。无线 NSSMF 最主要的功能是对网络切片子网实例的生命周期管理，支持网络切片子网实例完整生命周期流程的各项功能要求。

无线切片生命周期管理，即对无线切片子网实例的创建、激活、修改、去激活、终止等生命周期操作，并根据需要完成对切片子网实例关联的无线网元的参数配置生效。

AN-NSSMF 主要支持以下功能：

① 无线切片子网模板管理；

② 无线切片子网生命周期管理；

③ 无线切片子网性能管理；

④ 无线切片子网告警管理；

⑤ 无线切片子网配置管理；

⑥ 无线切片子网资源管理；

⑦ 无线切片子网数据开放管理。

2）CN-NSSMF

对于核心网领域，将网络切片子网的资源需求转换为网络服务，向 NFV 的 NFVO 系统下发网络服务的部署请求。CN-NSSMF 最主要的功能是进行网络切片子网实例的生命周期管理，支持网络切片子网实例完整生命周期流程中各功能要求。

CN-NSSMF 主要支持以下功能：

① 核心网切片子网模板管理；

② 核心网切片子网配置脚本包管理；

③ 核心网切片子网模板设计；

④ 核心网切片子网生命周期管理；

⑤ 核心网切片子网性能管理；

⑥ 核心网切片子网告警管理；

⑦ 核心网切片子网配置参数管理；

⑧ 核心网切片子网资源管理；

⑨ 核心网切片子网 OMC/NFVO 接入管理；

⑩ 核心网切片子网数据开放管理。

3）TN-NSSMF

对承载网域来说，将网络切片子网的需求通过 TN NSSMF 下发给承载网元，并将参数配置结果及其他与切片子网相关的信息按需上报给 NSMF。TN NSSMF 的最主要功能是对承载子网切片实例 NSSI 的生命周期管理，支持子网切片实例完整生命周期流程中的各项功能要求。

TN-NSSMF 主要支持以下功能：

① 承载子网切片模板管理；

② 承载子网切片实例生命周期管理；

③ 承载子网切片实例资源管理；

④ 承载子网切片实例配置管理；

⑤ 承载子网切片实例性能管理；

⑥ 承载子网切片实例告警管理。

3.7.6　5G 切片能力开放的主要接口

5G 切片能力开放接口主要包括北向能力开放 API、南向与 5G 网络接口、管理接口。

（1）北向能力开放 API

5G 切片能力开放通过 CSMF 实现，可使用基于 Restful 的 API 实现相应能力开放。承载协议为 HTTP/HTTPS，数据格式为 JSON。

1）性能预测申请

性能预测申请用于切片用户申请性能预测，发给 CSMF。

HTTP：POST

URL：http://enabler_domain/services/PerfPredictionV1/Apply

2）性能预测回调接口

性能预测回调接口用于向切片用户发送主动预测或被动预测的结果，由 CSMF 发出。

HTTP：PUT

根据 GST 性能预测属性预测频率参数设定反馈。

3）用户定位申请

用户定位申请用于切片用户申请用户定位，发给 CSMF。

GST 定位支持属性可用性参数不为空时可用，根据预测频率参数设定频率反馈，结果准确度根据精确度参数设置执行。

HTTP：POST

URL：http://enabler_domain/services/UELocV1/Apply

4）用户定位取消 API

用户定位取消 API 用于切片用户取消用户定位申请，发给 CSMF。成功后将不再反馈对应 UE 的位置。

HTTP：DELETE

URL：http://enabler_domain/services/UELocV1/cancel/CorrelationId

5）用户定位回调接口

用户定位回调接口用于向切片用户发送用户定位结果，由 CSMF 发出。

HTTP：PUT

根据 GST 定位支持属性预测频率参数设定的条件反馈。

6）根本原因调查申请

根本原因调查申请用于切片用户申请根本原因调查，发给 CSMF。

GST 根本原因调查属性值设置为 1 时可用。

HTTP：POST

URL：http://enabler_domain/services/RootCauseV1/Apply

7）添加用户 API

添加用户 API 用于切片用户申请添加用户到指定切片，发给 CSMF。

GST 用户管理开放属性值设置为 1 时可用。

HTTP：POS

TURL：http://enabler_domain/services/UserMNTV1/addUser

8）修改用户参数 API

修改用户参数 API 用于切片用户申请修改指定用户信息，需要携带添加时获得的 CorrelationID，发给 CSMF。

GST 用户管理开放属性值设置为 1 时可用。

HTTP：POST

URL：http://enabler_domain/services/UserMNTV1/modifyUser

9）删除用户 API

删除用户 API 用于切片用户申请从指定切片删除用户，发给 CSMF。

GST 用户管理开放属性值设置为 1 时可用。

HTTP：DELETE

URL：http://enabler_domain/services/UserMNTV1/deleteUser/CorrelationID

10）切片监控状态信息申请 API

切片监控状态信息申请 API 用于切片用户申请获取切片监控状态信息。

订购切片监控状态信息服务后可调用，根据反馈频率参数设定频率反馈。

HTTP：POST

URL：http://enabler_domain/services/NSStatusV1/Apply

（2）南向网络内部接口

1）对接 PCF

N5 接口，CSMF 与 PCF 互联接口，实现切片成员策略的下发。

2）对接 UDM

Nudm 接口，CSMF 与 UDM 互联接口，实现终端用户信息的查询和 UDM 的调用。

3）对接信息化系统

CSMF 与信息化系统互联接口，实现用户业务受理、批价和计费等功能。

（3）管理接口

1）CSMF 与 NSMF 的接口

CSMF 与 NSMF 互联接口，实现切片实例管理指令的下发。

此接口用于 CSMF 向 NSMF 下发网络切片 SLA 需求，然后由 NSMF 完成满足 SLA

需求的网络切片实例 NSI 的创建及生命周期管理。同时 NSMF 通过此接口将网络切片实例生命周期的状态，网络切片实例的 FCAPS 数据通过此接口上报给 CSMF。

2）NSMF 与 NSSMF 的接口

此接口用于 NSMF 调用 NSSMF 的网络切片子网生命周期管理的能力创建和管理各专业领域的网络切片子网实例，查询子网实例的状态。同时从 NSSMF 查询和收集网络切片子网实例的资源、性能和告警信息。

一些需要下发给网络功能 NF 的信息，比如 S-NSSAI 和 NSI 也需要通过此接口传递给 NSSMF，并由 NSSMF 完成网络功能 NF 的配置。

3）CN-NSSMF 与 NSMF 的接口

此接口用于 NSMF 调用核心网 NSSMF 的网络切片子网生命周期管理的能力，创建和管理核心网切片子网模板和切片子网实例，查询子网实例的状态。同时从 NSSMF 查询和收集核心网切片子网实例的资源信息。

4）AN-NSSMF 与 NSMF 的接口

此接口用于 NSMF 与无线 NSSMF 的交互，主要用于网络切片子网实例的管理，即 3GPP 定义的子网切片实例管理的基本过程：创建、删除、修改和查询。

5）TN-NSSMF 与 NSMF 的接口

此接口用于 NSMF 调用 TN NSSMF 的承载子网切片实例生命周期管理的能力，包括查询承载子网切片模板和承载子网切片实例，管理承载子网切片实例生命周期，监控承载子网切片实例运行状态等；同时从 TN-NSSMF 查询和搜集网络拓扑信息以及承载子网切片实例的资源信息等。

6）NSSMF 与 NF 之间的接口

此接口用于 NSSMF 向切片子网所包含的 NF 下发与网络切片相关的业务配置。同时，此接口还用于切片子网所包含的 NF 向 NSSMF 上报性能、告警和资源数据。

3.7.7　5G 切片能力开放的关键技术及业务流程

5G 切片能力开放目前暂未形成统一规范及标准流程。本节主要参考 5G 切片能力在切片管理、切片配置等方面的相关研究结论和应用示范案例，梳理相关典型业务流程，以此探讨 5G 切片能力开放及应用的相关可行性技术方案。

在图 3-69 中，借助能力开放系统，切片管理系统构成了一个完整的闭环，能够实现切片参数配置的自循环。在该架构中，能力开放子系统作为数据交互的核心，在切片管理过程中发挥了重要的作用。

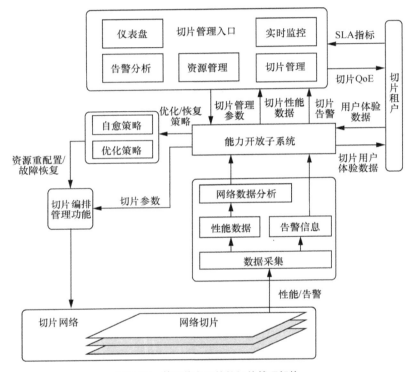

图 3-69 基于能力开放的切片管理架构

① 该系统接收用户通过管理入口或直接调用 API 发来的切片设计参数信息，并将该信息发送给切片编排管理子系统进行切片的创建与管理。

② 该子系统还要接收切片网络的实时运行信息，将这些信息进行汇总，通过切片管理入口或能力开放 API 将切片运行状态信息实时告知切片租户，以保证租户依据切片实时运行状况进行调整。

③ 网络内的数据分析系统通过对运行数据的分析，可以根据相关策略计算切片的优化策略，并通过切片管理子系统实现局部的切片资源优化。

④ 针对切片运行过程出现的故障，网络能力开放子系统应当能将相关的故障信息经由切片管理入口或能力开放 API 实现故障的及时通告。

⑤ 针对可恢复的故障，能力开放子系统可依据相关策略配置情况将故障信息发送给网络自愈策略模块，实现网络错误信息的自动纠错。在 5G 网络切片管理中可以采用的 3 种自循环结构，这 3 种结构通过反馈机制实现了切片管理参数的优化管理。

（1）子切片参数优化自循环

子切片参数自循环通过分析子切片内的实时运行数据，计算局部最优的子切片运行参数。该循环及时性强，能够实时感知网络状态，迅速做出决策，能够快速提升网络切片 SLA；但是该循环缺乏全局性，无法实现整个切片的参数优化，容易产生资源的浪费。

（2）切片参数优化自循环

针对子切片的资源利用率不足的问题，切片参数优化自循环可以依据长期的网络运行数据对切片参数进行优化，能够持久地提升网络切片的用户体验。该自循环通过全局参数优化，保证整体网络资源利用率达到较高的水平，能够做到资源利用率与 SLA 水平的平衡；但是该循环的反馈速度慢，不利于应对突发的网络状况。

（3）参数模板优化自循环

在创建网络切片时，通常以参数模板的形式传递创建切片的性能指标要求。然而，固定的参数配置格式、种类繁多的参数组合方式无疑为用户创建切片增加了困难。而通过对网络内使用的切片参进行分析，获取不同类型切片的参数的最优组合方案，并作为模板提供给用户，则可以使切片的创建过程对用户更为友好。

3.7.8　5G 切片能力开放的典型应用方案

（1）多切片管理

通过 Web 或者 API 等形式开放，按照垂直行业、政企用户、大中小型企业用户需求进行多切片管理相关的切片创建、修改、删除能力开放，实现网络切片产品的灵活创建、应用及删除。多切片管理如图 3-70 所示。

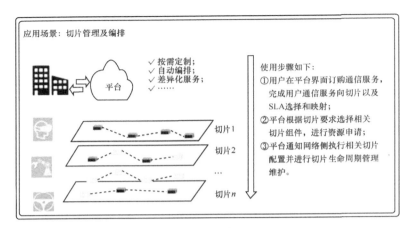

图 3-70　多切片管理

（2）单切片配置

通过 Web 或者 API 等形式开放，按照垂直行业、政企用户、大中小型企业用户需求进行单切片配置相关的切片路由、切片 SLA 参数、切片调用能力开放，实现网络切片产品的灵活应用。单切片管理如图 3-71 所示。

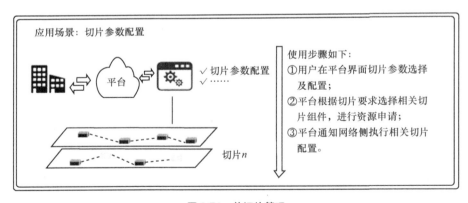

图 3-71　单切片管理

第 4 章
5G+能力开放探索

随着 5G 网络部署和应用发展的日益成熟，5G 可以赋能千行百业。本章将对 3GPP R16 版本逐渐衍生形成的网络能力进行介绍，主要包括天地一体化网络能力及专网能力等。

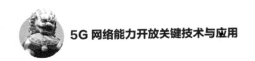

| 4.1　概述 |

随着 5G 赋能千行百业的步伐不断加快，基于核心网传统网络架构的能力开放逐步扩展并演进。本章将主要针对 3GPP R16 版本逐渐衍生形成的网络能力进行介绍，包括天地一体化网络能力及专网能力。

| 4.2　天地一体化网络（卫星）能力 |

4.2.1　背景概述

近年来，随着互联网/物联网的普及发展，以及机载、船载、空间中继等通信需求的日益增加，卫星通信进入以高通量卫星（High Throughput Satellite，HTS）、非对地静止卫星轨道（Non-Geostationary Satellite Orbit，NGSO）等技术系统为平台，以互联网应用为服务对象的卫星互联网发展阶段。同时，结合低轨卫星和 5G 网络的特性和优势，国际标准化组织也纷纷开展 5G 与卫星互联网融合问题的研究，定义"5G+卫星网络"的空、天、地、海泛在一体化融合通信网络，并延伸到未来 6G 网络的发展趋势。因此可以看出，卫星与 5G 融合发展、6G 深度应用，这是未来通信网络能力发展的重要方向。

4.2.2　能力愿景

在业务需求和技术发展的双重驱动下，卫星通信将与地面通信一体化发展，从业务、体制、频谱、系统等不同层次进行融合，构建天地一体化通信系统，实现全球无缝立体覆盖。天地一体化通信系统是 6G 的一种典型体系架构，其愿景是满足 10 年后的广域智慧连接和全球泛在无缝接入需求，为广域的对象建立智能连接，提供智慧服务，为人类提供全球无间断且一致性的信息服务。

天地一体化通信系统具有三大典型特征：统一的空口技术、统一的网络架构和统一的智能管控。统一的空口技术是指卫星通信和地面通信采用同一框架下的空口传输技术，终端可实现极简、极智接入；统一的网络架构是指在统一的逻辑架构和实现架构下将卫星通信、空间通信和地面通信进行一体化设计，网络功能可柔性分割和智能重构，满足卫星载荷资源有限和业务需求动态变化的特点；统一的智能管控是指通过对系统资源等进行统一的调度和控制，实现网络全局优化和资源绿色集约。

天地一体化通信系统的核心能力要素是智能化和虚拟化。未来，从终端到网络无处不在的感知能力和计算能力，为 AI 提供了广泛的数据基础和推算基础，AI 将渗透到物理层算法、无线资源管理、网络功能编排以及业务增强等各个层次，实现系统智能化；另外，通过对时空频无线资源、计算资源、存储资源、接口资源以及网络功能等进行虚拟化，可实现空天地一体化系统的资源统一调度和网络统一管控。

天地一体化通信系统主要有四大类型的应用场景：广域宽带接入、广域大规模连接、广域时敏连接和广域高精度定位。广域宽带接入是指为偏远地区人口、飞机、无人机、汽车等提供宽带接入，缩小数字鸿沟；广域大规模连接是指为农作物监控、珍稀动物无人区监控、海上浮标信息收集、远洋集装箱信息收集、无人区探险/探测等场景提供连接；广域时敏连接是指为远程智能机器（人）等时延敏感场景提供网络连接；广域高精度定位是指为远程智能交通提供精确导航，以及为远程作业提供高精度定位。

4.2.3 能力需求

相对于传统卫星通信系统及地面移动系统，天地一体化通信系统需要具备更全面的能力，不仅需要传统的通信能力，还需要计算能力、AI 能力和安全能力。

（1）通信能力需求

通信能力是未来 6G 空天地一体化通信系统发展的基本需求，其覆盖范围将拓展到全球全域，支持终端移动速度超过 1000km/h、传输速率大于 1Gbit/s、传输时延低于 10ms、频谱效率较传统卫星通信系统提升 4 倍以上等。

（2）计算能力需求

未来，星座卫星和高空平台等网络节点将是 6G 算力网络的重要组成部分，需要在资源受限的条件下，提供高性能计算平台，为广域业务和网络管理创造高性能、低时延、大带宽的服务环境，同时具备算力协同能力和算力动态迁移能力，适应网络拓扑结构的快速变化、卫星载荷资源有限等特征。

（3）AI 能力需求

AI 能力是天地一体化通信系统的核心能力，包括感知、学习、推理、预测和决策五大能力。通过泛在的信息采集，感知传输需求和安全风险；具备自我学习和自我演进能力，实现对新业务和新威胁的识别；依据大数据对未来可能发生的业务变化和网络事件进行推理和预测；综合利用各种技术进行决策，为用户提供个性化服务，对系统资源进行联合优化和调度。

（4）安全能力需求

天地一体化通信系统的安全能力体现为数据传输安全和网络行为安全，解决异质异构复杂网络中各类主体广泛参与带来的安全和隐私问题。天地一体化通信系统需要形成不断生长的内生安全机制，应对动态变化的网络安全威胁。

4.2.4　应用探讨

（1）应急救援保障

我国地域宽广，人员众多。自然灾害、事故灾难、社会安全突发事件、重大公共卫生事件频发，当自然灾害或者突发事件发生时，现有的公网或者专网网络往往无法满足现场应急通信需求。

通过天地一体化网络，灾害现场的人员可通过卫星、固定基站、应急便携基站等多种方式建立灾害现场与救援指挥中心、救援部队之间的高速数据通道，满足应急救援任务中的各种功能需求，如无人机 AI 视频图像回传及分析、视化功能、失联人员数据回传及分析、灾区人员迁移数据回传及分析、无人机直播与回放等功能。实现救援中心与灾害现场信息及时交互和无缝链接，实时掌握灾情的人地物灾全貌及发展趋势，达到对灾害应急救援实时指挥、精确管理和科学决策的目的。

1）无人机 AI 视频图像回传及分析

根据无人机拍摄的视频/图像，实现在灾情发生时（如地震、洪涝、泥石流等），提供受灾人员检测与位置分布、房屋坍塌检测与统计、道路坍塌损毁点检测等数据的回传和智能识别并呈现在三维模型/GIS 地图，便于救援专业人员的指挥决策。

2）失联人员数据回传及分析

救援人员通过运营商建立的专项通道接口，获取相关用户通信数据，经过大数据分析，实现对灾害发生区域疑似失联人员的名单确定及失联前最后活动区域定位，辅助应急救援队伍快速决策并大大缩小救援范围。

3）灾区人员迁移数据回传及分析

救援人员通过运营商建立的专项通道接口，获取相关用户通信数据，经过事故分析区域圈选、圈选区域涉及用户查找、迁移人员查找和迁移人员去向统计 4 个步骤，可完成迁移人员的名单确定及迁移前最后活动区域定位，辅助应急救援队伍的快速决策。

4）无人机直播与回放

无人机直播与回放满足无人机现场拍的多路视频接入需求，支持无人机视频实时直播与历史视频回放，支持在 GIS 地图上展示前端无人机的实时飞行位置，并记录与统计无人机飞行高度和飞行速度等飞行信息。

（2）航空网络服务

航空公司提供的空中无线网络基本只能实现飞机内的网络连接，乘客可以通过自己的智能设备播放飞机上的音乐、视频等文件，或者实现与机上乘客的视频通话等，但是并不能与外网相连，无法使用微信、微博等应用。

通过接入天地一体化网络，航空公司可为机舱内旅客提供与外网的连接，同时提供高速数据服务，满足旅客在航旅行程中的各类上网需求，实现旅客空-地上网感受的无差异体验，提升航空公司的服务质量。

基于天地一体化卫星通信的方式，通过安装在飞机机身顶部的天线连接卫星，并向地面站传输信号，完成数据互联，如图 4-1 所示。其优势是覆盖范围广、可实现国际漫游。

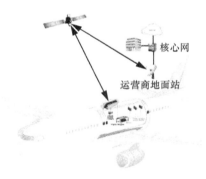

核心网

运营商地面站

图 4-1　航空网络组网方案

飞机与地面建立高速数据通道后，通过舱内数据建模，地面运行控制部门也可以加强对客舱安全的监控和处置，降低恐怖袭击的风险。

（3）海洋信息服务

我国幅员辽阔，在沿海区域存在大量靠传统渔业及海洋勘探等新兴工业为主的经济圈。由于地面移动信号的覆盖困难，海上"信息孤岛"造成的通信、监管、运作困难始终是难以解决的问题。

基于天地一体化网络体系，近年来国内运营商结合卫星相关产业资源开展了相关业务探索和布局。如某运营商结合低轨卫星资源，通过卫星互联网把 5G、物联网延伸至海洋，充分发挥"人与人、人与物、物与物"的连接，这样不仅仅可以有效地解决通信难题，还可以衍生出更多的应用场景，如实时远程监测船只运转情况、收集船员身体状况等。不仅如此，后续还可以把这套系统移植到邮轮、远洋货轮、钻井平台上，让其发挥更大的作用。

在没有 5G 信号覆盖的远海区域，高速移动的远洋渔政船上部署轻量船载用户站及 5G 轻量基站及核心网，船载用户站能够准确指向并全程跟踪以第一宇宙速度相对于地面高速飞行的低轨卫星，成功向信关站发送入网请求，通过卫星互联网构建的天基宽带通信链路成功实现了视频浏览、语音通信等系列常规网络测试。船上的 5G 手机通过卫星成功接入联通业务网，实现与其他联通 4G/5G 手机用户的正常语音拨打和通话业务，如图 4-2 所示。

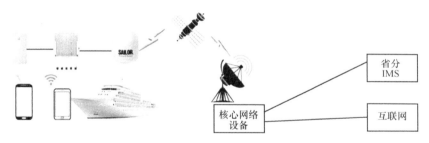

图 4-2　船载 5G 星地融合业务组网方案

在该方案中，船上部署轻量 5G 基站设备及船载卫星用户站，将地面联通 5G 语音及数据访问等业务无差异化地延伸至远洋海域，并可根据需求灵活部署 MEC 边缘计算服务器进行本地业务分流。该方案具有网络拓扑简单、操作部署方便的网络的管理和维护简化，覆盖范围广，节省投资；边缘计算能力部署，提升高带宽和低时延应用的需求等。

本方案将 5G 技术和卫星通信融合，不仅可为离岸船舶提供连续不间断的 5G 网络连接、百兆以上的高速率互联网业务和增值业务服务，实现海上船只与地面通信网络的互联互通，满足船载设备、科考设备、乘客等的数据上网、语音通话等基础通信需求，同时依据用户需求可以设置船载控制及乘客娱乐网络独立切片。该方案同样可以应用于民航机载及偏远山区等业务应用场景，拓宽行业服务能力。

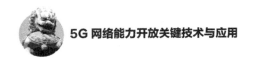

|4.3 专网能力 |

4.3.1 背景概述

5G 以其大带宽、低时延、高可靠、高连接等诸多优势，在 5G 行业网中发挥着重要作用。医疗、教育、制造等不同的行业用户，需要结合具体的业务场景和业务需求，打造针对不同行业的 5G 专网，从而使能千行百业。

5G 专网可面向不同的需求场景提供定制化的解决方案，以满足差异化的行业需求，例如，针对不同行业需求，5G 专网会引入不同的组网需求、隔离需求，如业务加速、专属切片、边缘计算等。

本节将面向垂直行业和市场发展，阐述专网能力需求及架构，旨在为 5G 产业端到端技术拉通及产业成熟提供技术性方案指导，以更好地符合 5G 行业专网发展需求。

4.3.2 网络架构

5G 行业专网的逻辑网络架构如图 4-3 所示。

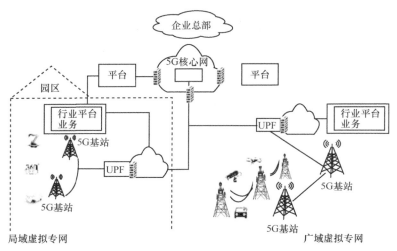

图 4-3　5G 行业专网的逻辑网络架构

　　5G 行业专网网络架构包含端到端的节点或网元，由终端、无线接入网、5GC 核心网和边缘计算平台等组成。

　　无线接入网由 5G 基站组成，直接与 5GC 核心网连接，承载数据业务。

　　5GC 核心网采用基于服务的架构，主要由 AMF、SMF、NSSF、NRF、NEF、SMSF、PCF、BSF、NWDAF、UDM、UDR、AUSF 等控制面网络功能和 UPF 等用户面网络功能组成。

　　其中：PCF、SMF、UDR、AMF、NEF、BSF、NWDAF 等网络功能组成策略控制及能力开放系统；UDM、UDR、AUSF 等网络功能组成用户数据系统；边缘计算平台 MEP 与 UPF 连接，处理 UPF 分流出的数据，提供边缘计算应用及应用管理。

4.3.3　能力简述

　　5G 行业专网能力开放的技术架构采用网络能力层、能力接入层和能力开放层 3 层全解耦架构，如图 4-4 所示。

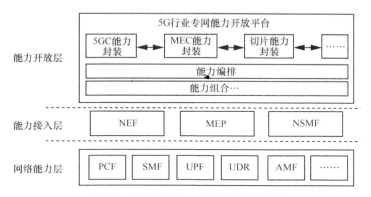

图 4-4　5G 网络能力一体化专网应用架构

　　网络能力层：网络能力层为 5G 行业专网，支持通过服务化接口提供管道、网络数据、音视频、边缘计算和网络切片等网络能力开放平台。

　　能力接入层：包括能力网元接入模块/NEF、边缘计算平台和切片管理器 NSMF，支持网络通信能力、边缘计算能力和网络切片能力的汇聚、封装、调用功能。

　　① 能力网元接入模块/NEF：应支持音视频能力、消息能力、管道能力、网络

数据能力、管道能力、网络数据能力、PFD 能力等，具体可参考 3.2.5 节。

② 边缘计算能力接入模块/MEP：应支持边缘计算能力，具体可参考 3.5.5 节。

③ 切片管理器 NSMF：应支持网络切片能力，具体可参考 3.6.5 节。

能力开放层：能力开放层为 5G 行业专网能力开放平台，支持 5G 行业专网能力对外开放的统一运营管理；支持面向行业用户提供线上注册、能力产品订购等在线服务功能；支持面向行业企业应用提供应用登记、能力 API 发现和能力 API 调用等功能。

4.3.4 应用探讨

本节将主要针对 5G 专网相关典型应用场景进行阐述，这些应用场景主要包括工业互联网、智慧医疗、智慧教育等。

（1）工业互联网

基于 5G 通信网络，我们在工厂外实现生产企业与智能产品、用户、协作企业等工业全环节的广泛互联，在工厂内实现生产装备、信息采集设备、生产管理系统和人等生产要素的互联。

赋能新型工业应用，我们通过云边协同、云网协同、应用协同，实现云自动导航装置（Automated Guided Vehicle，AGV）、机器人巡检、机器视觉质量巡检、云化可编辑逻辑控制器（Programmable Logic Controller，PLC）等新型工业互联应用。

（2）智慧医疗

5G 在医疗行业逐步被应用，5G 智慧医疗呈现出越来越强的生命力和影响力。

在院外应用方面，5G 智慧医疗支持院前急救、远程会诊、远程超声、远程手术、远程示教、远程监护等功能；在院内应用方面，5G 智慧医疗支持智慧导诊、移动医护、智慧院内管理、辅助医疗等功能。

5G 在医疗行业的纵向深入，对推进深化医药卫生体制改革、加快"健康中国"建设和推动医疗健康产业发展，起到重要的支撑作用。

（3）智慧教育

5G 切片技术实现教育专网的应用，为教育行业构建多个专门的、虚拟并相互隔离的定制逻辑网络，满足业务在时延、带宽、连接数方面对网络能力的需求，对隐私数据进行本地化存储与传输，确保数据安全性。

　　学校的分校之间和各个学校之间可通过专网共享 4K/8K、AR/VR 等业务。学校的上级主管部门可随时调阅学校的教学、安保等各类任务的实时情况，并进行专业的指导。

第 5 章

面向未来的网络能力开放展望

随着 5G 大规模商用，人们已开启对下一代移动通信技术（6G）的探索与研究。本章将重点介绍 6G 网络能力的需求及应用场景、6G 网络能力愿景等。从移动互联，到万物互联，再到万物智联，6G 将实现从服务于人、人与物，到支撑智能体高效联接的跃迁，通过人机物智能互联、协同共生，6G 将满足经济社会高质量发展需求，服务智慧化生产与生活，推动构建普惠智能的人类社会。

回顾移动通信 40 年的发展历程,移动通信网络是以 10 年为一个周期进行更新迭代的,如图 5-1 所示。随着 5G 大规模商用,全球业界已开启对下一代移动通信技术(6G)的研究探索。面向未来,人类社会将进入智能化时代,社会服务均衡化、高端化,社会治理科学化、精准化,社会发展绿色化、节能化将成为未来社会的发展趋势。从移动互联,到万物互联,再到万物智联,6G 将实现从服务于人、人与物,到支撑智能体高效联接的跃迁,通过人机物智能互联、协同共生,满足经济社会高质量发展需求,服务智慧化生产与生活,推动构建普惠智能的人类社会。

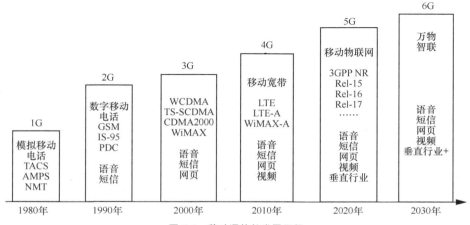

图 5-1　移动通信的发展历程

国内外产学研已于 2019 年开始启动 6G 研究，研究涵盖愿景需求、场景、网络架构和关键技术等诸多研究内容。在国际上，2020 年 2 月，国际电信联盟（International Telecommunication Union，ITU）在瑞士日内瓦召开 ITU-RWP5D 工作组会议，启动未来新一代移动通信（6G）的研究工作。美国在 2019 年年初宣布启动 6G 研究，联邦通信委员会（Federal Communications Commission，FCC）为 6G 研究开放了太赫兹频段。2019 年 9 月，芬兰奥卢大学与参会的 70 位世界顶尖通信专家共同发布全球首份 6G 白皮书《6G 泛在无线智能的关键驱动因素及其研究挑战》。在国内，中国工业与信息化部在原有的 5G 推进组（IMT-2020）基础上，成立 6G 推进组（IMT-2030），开展关于 6G 愿景、需求、关键技术及其标准化的可行性研究，并于 2021 年 6 月发表《6G 总体愿景与潜在关键技术》白皮书。中国科技部于 2019 年 11 月成立国家 6G 技术研发推进工作组和总体专家组。中国联通于 2021 年 4 月发布了《6G 白皮书》，提出智能、融合、绿色、可信的 6G 愿景。

综上所述，国内外已经启动 6G 的前瞻性研究，产业界或研究机构也提出了关于 6G 方面的初步设想。6G 将提供完全沉浸式交互场景，支持精确的空间互动，满足人类在多重感官甚至是情感和意识层面的联通交互，通信感知和普惠智能不仅可以提升传统通信能力，也将助力实现真实环境中物理实体的数字化和智能化，极大地提升信息通信服务质量。

本章将基于各方近期研究结论，聚焦未来网络能力演进，从未来网络能力业务需求入手，对 6G 愿景和应用场景进行探讨，论述面向 5G+/6G 场景演进的网络业务场景及能力演进趋势。

| 5.1　未来网络能力的业务需求及应用场景 |

随着未来网络的演进，6G 的设计愿景是"时空无限，智由智在"。突破物理时空限制是人类不懈的追求。6G 将在 5G 基础上，将从服务于人、人与物，进一步拓展到支撑智能体的高效互联，将实现由万物互联到万物智联的跃迁，成为连接真实物理世界与虚拟数字世界的纽带，最终将助力人类社会实现"万物智联，数字孪生"的美好愿景，6G 设计愿景框架如图 5-2 所示。

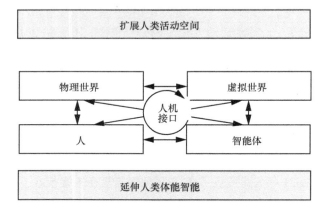

图 5-2　6G 设计愿景框架　（摘自未来移动通信论坛《多视角 点绘 6G 蓝图》白皮书）

6G 网络将助力实现真实物理世界与虚拟数字世界的深度融合，构建万物智联、数字孪生的全新世界。基于近期国内外开展的 6G 愿景、需求、关键技术及其标准化的可行性研究，及 6G 推进组 IMT-2030 于 2021 年 6 月发表的《6G 总体愿景与潜在关键技术》白皮书的相关内容，总结了 6G 潜在应用场景主要包含沉浸式云 XR、全息通信、感官互联、智慧交互、通信感知、普惠智能、数字孪生、全域覆盖等全新业务：

1.　沉浸式云 XR

扩展现实（XR）是虚拟现实（VR）、增强现实（AR）、混合现实（MR）等的统称。云化 XR 技术中的内容上云、渲染上云、空间计算上云等将显著减少 XR 终端设备的计算负荷和能耗，摆脱线缆的束缚，XR 终端设备将变得更轻便、更沉浸、更智能、更利于商业化。

6G 网络及 XR 终端能力的提升将推动 XR 技术进入全面沉浸化时代。云化 XR 系统将与新一代网络、云计算、大数据、人工智能等技术相结合，赋能于商贸创意、工业生产、文化娱乐、教育培训、医疗健康等领域，助力各行业的数字化转型。

未来，云化 XR 系统将实现用户和环境的语音交互、手势交互、头部交互、眼球交互等复杂业务，需要在相对确定的系统环境下，满足超低时延与超高带宽，为用户带来极致体验。

2. 全息通信

随着无线网络能力、高分辨率渲染及终端显示设备的不断发展，未来的全息信息传递将通过自然逼真的视觉还原，实现人、物及其周边环境的三维动态交互，可以极大满足人类对于人与人、人与物、人与环境之间的沟通需求。

全息技术利用干涉和衍射技术来将物体的三维图像高清地展示在人们的面前，可以裸眼或通过 XR 等技术来进行全息交互。为了实现全息通信的目标要求，系统至少需要 Tb/s 以上的峰值速率。

未来，全息通信将广泛应用于文化娱乐、医疗健康、教育、社会生产等众多领域，使人们不受时间、空间的限制，打通虚拟场景与真实场景的界限，使用户享受身临其境般的极致沉浸感体验。但同时，全息通信将对信息通信系统提出更高的要求，在实现大尺寸、高分辨率的全息显示方面，实时的交互式全息显示需要足够快的全息图像传输能力和强大的空间三维显示能力。

3. 感官互联

视觉和听觉一直是人与人之间传递信息的两种基本手段，除了视觉和听觉，触觉、嗅觉和味觉等其他感官也在日常生活中发挥着重要作用。未来，更多感官信息的有效传输将成为通信手段的一部分，感官互联可能会成为未来主流的通信方式，并广泛应用于医疗健康、技能学习、娱乐生活、道路交通、办公生产和情感交互等领域。

为了实现感官互联，我们需要保证触觉、听觉、视觉等不同感官信息传输的一致性与协调性，毫秒级的时延将为用户提供较好的连接体验。触觉的反馈信息与身体的姿态和相对位置息息相关，对于定位精度将提出较高要求。在多维感官信息协同传输的要求下，网络传送的最大吞吐量预计将成倍提升。

4. 智慧交互

依托未来 6G 移动通信网络，我们有望在情感交互和脑机交互（脑机接口）等全新研究方向上取得突破性进展。具有感知能力、认知能力甚至会思考的智能体将彻底取代传统智能交互设备，人与智能体之间的支配和被支配关系将开始向着有情感、有温度、更加平等的类人交互转化。具有情感交互能力的智能系统可以通过语

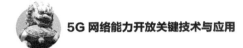
音对话或面部表情识别等监测到用户的心理、情感状态，及时调节用户情绪以避免健康隐患；通过心念或大脑来操纵机器，让机器替代人类身体的一些机能，可以弥补残障人士的生理缺陷，让人保持高效的工作状态，可在短时间内学习大量知识和技能，实现"无损"的大脑信息传输等。

5. 通信感知

未来，6G 网络将可以利用通信信号实现对目标的检测、定位、识别、成像等感知功能，无线通信系统将可以利用感知功能获取周边环境信息，智能精确地分配通信资源，挖掘潜在通信能力，增强用户体验。毫米波或太赫兹等更高频段的使用将加强对环境和周围信息的获取，进一步提升未来无线系统的性能，并助力完成环境中的实体数字虚拟化，催生更多的应用场景。

6G 将利用无线通信信号提供实时感知功能，获取环境的实际信息，并且利用先进的算法、边缘计算和 AI 能力来生成超高分辨率的图像，在完成环境重构的同时，实现厘米级的定位精度，从而实现构筑虚拟城市、智慧城市的愿景。基于无线信号构建的传感网络可以代替易受光和云层影响的激光雷达和摄像机，获得全天候的高传感分辨率和检测概率，实现通过感知来细分行人、自行车和婴儿车等周围环境物体。为实现机器人之间的协作、无接触手势操控、人体动作识别等应用，需要达到毫米级的方位感知精度，精确感知用户的运动状态，实现为用户提供高精度实时感知服务的目的。此外，环境污染源、空气含量监测和颗粒物（如 PM2.5）成分分析等也可以通过更高频段的感知来实现。

6. 普惠智能

未来，越来越多的个人和家用设备、各种城市传感器、无人驾驶车辆、智能机器人等都将成为新型智能终端。不同于传统的智能手机，这些新型终端不仅可以支持高速数据传输，还可以实现不同类型智能设备间的协作与学习。可以想象，未来整个社会通过 6G 网络连接起来的设备数量将到达万亿级，这些智能体设备通过不断的学习、交流、合作和竞争，可以实现对物理世界运行及发展的超高效率模拟和预测，并给出最优决策。

AI 应用的本质就是通过不断增强的算力对大数据中蕴含的价值进行充分挖掘与持续学习的过程，从 6G 时代开始，网络自学习、自运行、自维护都将构建在 AI

和机器学习能力之上。网络自身就像一个"棋圣"，能够从容应对各种实时的变化。6G 网络将通过不断的自主学习和设备间协作，持续为整个社会赋能赋智，真正做到学习无处不在，永远学习和永远更新，把 AI 的服务和应用推送到每个终端用户，让实时、可靠的 AI 智能成为每个人、每个家庭、每个行业的忠实伙伴，实现真正的普惠智能。

7. 数字孪生

随着感知、通信和人工智能技术的不断发展，物理世界中的实体或过程将在数字世界中得到数字化镜像复制，人与人、人与物、物与物之间可以凭借数字世界中的映射实现智能交互。通过在数字世界挖掘丰富的历史和实时数据，借助先进的算法模型产生感知和认知智能，数字世界能够对物理实体或者过程实现模拟、验证、预测、控制，从而获得物理世界的最优状态。

数字孪生对 6G 网络的架构和能力提出了诸多挑战，需要 6G 网络拥有万亿级的设备连接能力并满足亚毫秒级的时延要求，以便能够精确实时地捕捉物理世界的细微变化。通过网络数据模型和标准接口并辅以自纠错和自生成的能力，使得数据质量得到保障。考虑到数据隐私和安全需求，需要 6G 网络能够在集中式和分布式架构下均可进行数据采集、存储、处理、训练和模型生成。此外，6G 网络还需要达到 Tbps 的传输速率，以保证精准的建模和仿真验证的数据量要求，通过快速的迭代寻优和决策，按需采取集中式或分布式的智能生成模式。

8. 全域覆盖

目前，全球仍有超过 30 亿人没有基本的互联网接入，其中大多数人分布在农村和偏远地区，地面通信网络高昂的建网成本使电信运营企业难以负担。无人区、远洋海域的通信需求（如南极科学考察的高速通信、远洋货轮的宽带接入等），也无法通过部署地面网络来满足。除了地球表面，无人机、飞机等空中设备也存在越来越多的连接需求。随着业务的逐渐融合和部署场景的不断扩展，地面蜂窝网与包括高轨卫星网络、中低轨卫星网络、高空平台、无人机在内的空间网络相互融合，将构建起全球广域覆盖的空天地一体化三维立体网络，为用户提供无盲区的宽带移动通信服务。

全域覆盖将实现全时、全地域的宽带接入能力，为偏远地区、飞机、无人机、汽车、轮船等提供宽带接入服务；为全球没有地面网络覆盖的地区提供广域物联网接入，保障应急通信、农作物监控、珍稀动物无人区监控、海上浮标信息收集、远洋集装箱信息收集等服务；提供精度为厘米级的高精度定位，实现高精度导航、精准农业等服务；此外，通过高精度地球表面成像，可实现应急救援、交通调度等服务。

| 5.2　未来网络能力愿景 |

为了满足上述讨论的业务及应用需求，近年来业界逐步探讨抽象出 6G 网络需提供的核心能力，主要包括：①基于资源虚拟化技术体系实现网络全维可定义；②具有超大接入容量、超高传输速率和超高性能算力；③支持内生安全和内生智能；④提供全频谱、全覆盖、全业务的运营能力。

从网络层面上，6G 网络应具备的网络能力预估包括以下几点。

（1）6G 基础能力

6G 基础能力是 6G 设计的重点，包括传输能力、定位能力、全覆盖能力等。

1）传输能力

6G 传输能力的提升是实现 6G 业务场景的基础能力，预期达到 Tbit/s 级别的无线传输速率和 Pbit/s 级别的有线传输速率，支持 1ms 以下的传输时延，多参数相对固定时序的确定性时延，支持单位立方米百级别的连接数量。

2）定位能力

定位能力是指 6G 对一个或多个目标进行三维位置测定与跟踪的功能及相应精度。定位能力为实现与空间信息高度融合的 6G 应用提供必要支持。6G 预期提供高精度定位能力，保障虚实空间融合结构的一致性。6G 定位在智能空间、混合现实等一般场景中需要厘米级精度，在精密制造、精细手术等关键现场级场景中可能需要毫米级精度。

3）全覆盖能力

6G 预期提供广域立体全覆盖能力，帮助人类扩展物理活动空间。通过空天地一体化设计和水下无线通信等丰富的连接技术，实现天空、边远、远洋、水下等多种场景的泛在连接。6G 预期支持目标区域和目标用户的动态覆盖能力，通过覆盖的伸缩，满足动态的业务覆盖需求和节能需求。

6G 将实现地面网络、不同轨道高度上的卫星（高中低轨卫星）及不同空域飞行器等融合而成全的新的移动信息网络，通过地面网络实现城市热点常态化覆盖，利用天基、空基网络实现偏远地区、海上和空中按需覆盖，具有组网灵活、韧性抗毁等突出优势。全覆盖的融合组网将不再是卫星、飞行器与地面网络的简单互联，而是空基、天基、地基网络的深度融合，构建包含统一终端、统一空口协议和组网协议的服务化网络架构，在任何地点、任何时间，以任何方式提供信息服务，实现满足天基、空基、地基等各类用户统一终端设备的接入与应用。

（2）6G 计算能力

6G 计算能力是指网络处理信息与数据的运算速度和效率，取决于计算架构、资源与模式。计算资源包括处理器和存储器等资源。传统移动通信网络计算资源主要指完成信息传递所需的所有计算与存储需求，面向网络运行，与网络运营能力（传输与覆盖）和网络节点功能紧耦合，效率不高。数字化、信息化催生了云计算，5G带来了边缘计算，物联网催生了雾计算，AI 形成了海计算等计算模式概念。随着连接带宽的增加，各种计算模式将越来越模糊。6G 计算涉及信息获取、处理、传输、存储、再现、安全、利用等全链条，除了传统 CPU 等算力，还需要 AI 芯片、GPU、NPU 及其他 XPU 等新算力及其组合。为了满足未来网络新型业务及计算轻量化、动态化的需求，网络和计算的融合已经成为新的发展趋势。业界提出了算力感知网络（或简称算力网络）的理念：将云边端多样的算力通过网络化的方式连接与协同，实现计算与网络的深度融合及协同感知，达到算力服务的按需调度和高效共享。

在 6G 时代，网络不再是单纯的数据传输，而是集通信、计算、存储为一体的信息系统。算力资源的统一建模度量是算力调度的基础，算力网络的算力资源将是泛在化、异构化的，通过模型函数将不同类型的算力资源映射到统一的量纲维度，形成业务层可理解、可阅读的零散算力资源池，为算力网络的资源匹配调度提供基础保障。统一的管控体系是关键，传统信息系统中应用、终端、网络相互独立，缺乏统一的架构体系进行集中管控、协同，因此算力网络的管控系统将由网络进一步向端侧延伸，通过网络层对应用层业务的感知，建立端边云融合一体的新型网络架构，实现算力资源的无差别交付、自动化匹配，以及网络的智能化调度，并解决算力网络中多方协作关系和运营模式等问题。

目前，产业界正从算网分治向算网协同转变，并将向算网一体发展。这需要兼顾从云到网和从网到云的应用层与网络层发展的结合，以及相应的中心化和分布式控制的协同。多种计算架构并存是 6G 计算的发展趋势。

（3）6G+AI 能力

6G+AI 能力是指 6G 内生智能化功能、提供 AI 产品与服务的功能及相应智能等级。6G 内生智能是指通过引入"通信知识+大数据"双驱动的 AI 技术，将 AI 架构、算法和流程与通信架构、网络节点功能及流程联合设计，实现规模自适应、行为自学习和功能自演进的智能网络。智能网络具有与人、智能体和业务的感知交互能力，提供标准化数据集、算法模型和算力。

借助内生智能，6G 网络可以更好地支持无处不在的具有感知、通信和计算能力的基站和终端，实现大规模智能分布式协同服务，同时将网络中通信与算力的效用最大化，适配数据的分布性并保护数据的隐私性。这带来 3 个趋势的转变：智能从应用和云端走向网络，即从传统的 Cloud AI 向 Network AI 转变，实现网络的自运维、自检测和自修复；智能在云-边-端-网间协同实现包括频谱、计算、存储等多维资源的智能适配，提升网络总体效能；智能在网络中对外提供服务，深入融合行业智慧，创造新的市场价值。

（4）6G 安全能力

信息通信技术与数据技术、工业操作技术融合、边缘化和设施的虚拟化将导致 6G 网络安全边界更加模糊，传统的安全信任模型已经不能满足 6G 安全的需求，需要支持中心化的、第三方背书的多种信任模式共存。未来的 6G 网络架构将更趋于分布式架构，网络服务能力更贴近用户端，这将改变单纯中心式的安全架构；感知通信、全息感知等全新的业务体验，以用户为中心提供独具特色的服务，要求提供多模、跨域的安全可信体系，传统的"外挂式""补丁式"网络安全机制对抗未来 6G 网络潜在的攻击与安全隐患更具挑战。人工智能、大数据与 6G 网络的深度融合，也使得数据的隐私保护面临着前所未有的新挑战。新型传输技术和计算技术的发展，将牵引通信密码应用技术、智能韧性防御体系，以及安全管理架构向具有自主防御能力的内生安全架构演进。

6G 安全架构应奠定在一个更具包容性的信任模型基础之上，具备韧性且覆盖 6G 网络全生命周期，内生承载更健壮、更智慧、可扩展的安全机制，涉及多个安全技术方向。6G 安全架构通过多标识（ID）路由技术、可信计算技术、可信区块链技术、量子保密通信技术等，解决虚实融合、智能体互联情况下的信息基础设施与网络空间安全；融合计算机网络、移动通信网络、卫星通信网络的 6G 安全体系架构及关键技术，支持安全内生、安全动态赋能；终端、边缘计算、云计算和 6G 网络间的安全协同关键技术，支持异构融合网络的集中式、去中心化和第三方信任模式并存的多模信任架构；大规模数据流转的监测与隐私计算的理论与关键技术，具有高通量、高并发的数据加解密与签名验证，具备高吞吐量，易扩展、易管理，且具备安全隐私保障的区块链基础能力；拓扑高动态和信息广域共享的访问控制模型与机制，及隔离与交换关键技术。

缩略语

英文缩写	英文全称	中文全称
5G	5th-Generation	第五代移动通信技术
AAC	Application Access Control	接入控制网元
AF	Application Function	应用功能实体
AGW	Access Gateway	接入网关
APN	Access Point Name	接入点名称
BSF	Bootstrapping Server Function	引导服务器
CAPIF	Common API Framework	通用北向架构
CDN	Content Delivery Network	内容分发网络
CSCF	Call Session Control Function	呼叫会话控制功能
CSMF	Communication Service Management Function	通信服务管理功能
DM	Device Management	终端配置服务器
DNN	Data Network Name	数据网络名称
EPC	Evolved Packet Core	演进的分组核心网
EPS	Evolved Packet System	演进的分组系统
E-UTRAN	Evolved Universal Terrestrial Radio Access Network	演进的通用陆地接入网
FAR	Forwarding Action Rules	转发行为规则
FQDN	Fully Qualified Domain Name	全限定域名

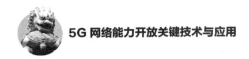
（续表）

英文缩写	英文全称	中文全称
GBA	General Bootstrapping Architecture	通用认证机制
GGSN	Gateway GPRS Support Node	网关 GPRS 支持节点
HSS	Home Subscriber Sever	归属用户服务器
HTS	High Throughput Satellite	高通量卫星
HTTP	Hyper Text Transfer Protocol	超文本传输协议
IARI	IMS Application Reference Identifier	IMS 应用参考标识符
I-CSCF	Interrogating Call Session Control Function	查询呼叫会话控制功能
ICSI	IMS Communication Service Identifier	IMS 通信服务标识符
IDC	Internet Data Center	互联网数据中心
IMS	IP Multimedia Subsystem	IP 多媒体子系统
IMSI	International Mobile Subscriber Identity	国际移动用户识别码
IP	Internet Protocol	互联网协议
IP-SM-GW	IP Short Message Gateway	IP 短信网关
M2M	Machine-to-Machine	低速率物联网
MaaP	Messaging as a Platform	消息即平台
MEC	Multi-access Edge Computing	边缘计算
MSISDN	Mobile Station International ISDN Number	移动台国际 ISDN 号码（一般指手机号码）
MSRP	Message Session Relay Protocol	消息会话中继协议
NEF	Network Exposure Function	网络能力开放功能网元
NF	Network Function	网络功能
NGSO	Non-Geostationary Satellite Orbit	非对地静止卫星轨道
NRF	Network Repository Function	网络存储功能
NSMF	Network Service Management Function	网络服务管理功能

（续表）

英文缩写	英文全称	中文全称
NSSF	Network Slice Selection Function	网络切片选择功能
PCC	Policy and Charging Control	策略控制和计费
PCF	Policy Control Function	策略控制功能
PCRF	Policy and Charging Rules Function	策略与计费规则功能网元
P-CSCF	Proxy Call Session Control Function	代理呼叫会话控制功能
PDN	Packet Data Network	分组数据网
PDR	Packet Detection Rule	包检测规则
PDSN	Packet Date Support Node	分组数据支持节点
PFD	Packet Flow Description	分组流描述
PGW	PDN Gateway	分组数据网网关
QoS	Quality of Service	业务质量
RCS	Rich Communication Suite	富媒体通信套件
SCE	Service Creation Environment	业务生成环境
SCEF	Service Capability Exposure Function	网络业务能力开放功能
SCF	Service Capability Feature	多组业务能力特征
SCP	Service Control Point	业务控制点
SCS	Service Capability Server	业务能力特征服务器
S-CSCF	Serving Call Session Control Function	服务呼叫会话控制功能
SDN	Software Defined Network	软件定义网络
SDP	Service Data Point	业务数据点
SIM	Subscriber Identify Module	用户识别卡
SIP	Session Initiation Protocol	会话初始协议
SMP	Service Management Point	业务管理点

（续表）

英文缩写	英文全称	中文全称
SOAP	Simple Object Access Protocol	简单对象访问协议
SSP	Service Switch Point	业务交换点
TCP	Transmission Control Protocol	传输控制协议
UPF	User Plane Function	用户面功能
URL	Uniform Resource Locator	统一资源定位符
WLAN	Wireless Local Area Network	无线局域网

参考文献

[1] IMT—2030（6G）推进组《6G 总体愿景与潜在关键技术》白皮书[EB/OL]. IMT-2030.

[2] 多视角 点绘 6G 蓝图. 未来移动通信论坛.

[3] 中国联通 5G 网络能力开放白皮书[EB/OL]. 中国联通研究院.

[4] 朱斌, 林琳, 胡悦, 高杰复. 面向行业的 5G 网络能力开放发展策略研究[J]. 邮电设计技术, 2020(07).

[5] 中国联通 5G MEC 边缘云平台架构及商用实践白皮书[EB/OL]. 2020.

[6] 杨勇, 贾霞, 董振江. 电信业务能力开放技术标准[J]. 中兴通讯技术, 2009.

[7] 李红祎, 赵一荣, 李金艳, 朱雪田. 基于能力开放的 5G 网络切片管理研究[J]. 电子技术应用, 2020, 46(1).

[8] TC5WG12 2020—0518T—YD 5G 移动通信网能力开放总体技术要求.

[9] YD/T 3615—2019 5G 移动通信网核心网总体技术要求. 北京: 人民邮电出版社, 2019.

[10] TC5WG12 2017B69 5G 边缘计算平台能力开放技术研究.

[11] YD/T 2620.1—2015 演进的移动分组核心网络（EPC）总体技术要求 第 1 部分: 支持 E-UTRAN 接入. 北京: 人民邮电出版社, 2015.

[12] YD/T 3580—2019 基于 S2B 的非受信的 WLAN 接入 EPC 的核心网总体技术要求. 北京: 人民邮电出版社, 2015.

[13] GSMA RCC.07 v11.0 富通信套件：先进通信服务与客户端标准.

[14] GSMA RCC.07 v11.0 富通信套件：先进通信业务和客户端规范.

[15] GSMA RCC.14 v7.0 服务提供商终端配置 7.0 版.

[16] GSMA RCC.15 v7.0 IMS 设备配置和支持的服务 7.0 版.

[17] OMA CPM　融合的 IP 消息体系.

[18] 3GPP TS 23.501　5G 网络系统架构.

[19] 3GPP TS 23.502　5G 网络系统流程.

[20] 3GPP TS 24.229　基于 SIP 和 SDP 的多媒体会话控制协议.

[21] 3GPP TS 23.222　支持 3GPP 北向 API 接口的通用 API 架构的功能框架和信息流.

[22] 3GPP TS29.222　3GPP 北向 API 通用架构.

[23] 3GPP TS 29.522　5G 网络系统能力开放功能北向 API.

[24] 3GPP TS 29.122　T8 接口北向 API.

[25] IETF RFC 3261　会话初始协议.

[26] IETFRFC 4975　消息会话中继协议.

[27] IETFRFC 6135　MSRP 的替换连接模型.

[28] IETF RFC 5366　会话初始协议（SIP）中使用请求包含表的会议确立.

[29] IETF RFC 3966　电话号码的 tel URI.